雷电参数的工程应用

[美] V.A.Rakov 等 著 / 高燚 杨少杰 等 译著

LIGHTNING PARAMETERS FOR ENGINEERING APPLICATIONS

图书在版编目(CIP)数据

雷电参数的工程应用 / (美) V. A. 拉科夫 (V. A. Rakov) 等著；高燚等译著. — 北京：气象出版社，2019.6

ISBN 978-7-5029-6987-5

Ⅰ.①雷… Ⅱ.①V… ②高… Ⅲ.①雷-监测-参数分析-研究②闪电-监测-参数分析-研究 Ⅳ.①P427.32

中国版本图书馆 CIP 数据核字(2019)第 131142 号

出版发行：气象出版社
地　　址：北京市海淀区中关村南大街 46 号　　**邮政编码**：100081
电　　话：010-68407112(总编室)　010-68408042(发行部)
网　　址：http://www.qxcbs.com　　**E-mail**：qxcbs@cma.gov.cn
责任编辑：颜娇珑　　**终　　审**：吴晓鹏
责任校对：王丽梅　　**责任技编**：赵相宁
封面设计：博雅思企划
印　　刷：北京中石油彩色印刷有限责任公司
开　　本：710 mm×1000 mm　1/16　　**印　　张**：11
字　　数：160 千字
版　　次：2019 年 6 月第 1 版　　**印　　次**：2019 年 6 月第 1 次印刷
定　　价：88.00 元

本书如存在文字不清、漏印以及缺页、倒页、脱页等，请与本社发行部联系调换。

序

2013 年国际大电网会议出版了技术报告《雷电参数的工程应用》，对 1975 年发表的《闪电参数》和 1980 年发表的《雷电参数的工程应用》进行了修订。

技术报告的一个重要内容，是总结了全球各国雷电科学家对雷电观测的大量数据和最新研究成果，系统介绍了雷电的物理特征和各个参数的来源、统计和分析结果。特别是对各国雷电多脉冲(闪击)现象观测结果的分析，进一步揭示了雷电的内在规律，并给出了工程应用需要的技术参数。技术报告对雷电放电多脉冲现象的描述，直接告诉工程技术人员，目前在高压实验室用单脉冲检验的 SPD，不完全符合自然雷电的多脉冲物理特征。而对雷电多脉冲放电的脉冲个数，时间间隔，首次回击电流峰值，继后回击电流峰值等的描述，则给研发多脉冲 SPD 指明了方向。

对从事防雷工程设计的技术人员来说，需要了解和掌握雷电的物理特征和由直接测得的电流推导而来的技术参数。到目前为止，CIGRE 采用的这些参数大多是基于 Berger 及其同事在瑞士的直接测量。近年来，奥地利、巴西、加拿大、德国、日本、俄罗斯和瑞士在装有仪表的高塔测量电流。也有一些国家(包括中国)通过火箭人工触发闪电测量电流和利用现代闪电定位系统从测量磁场或电场来估算电流峰值。技术报告的另一个重要内容，是通过评估这些新的试验数据以及过去应用的旧数据，以确定其适用于不同的工程计算。第 10 章专门讨论了输配电线路、浪涌保护器装置、地面变电站设施及普通建筑物等工程设计应用所需的雷电参数。对这些数据的评估将为雷电防护技术研究和工程应用提供帮助。

中国对雷电物理的观测研究起步较晚，在 20 世纪 60 年代，中国科学院地球物理研究所才开始雷电物理的研究，之后，中国气象科学研究院张义军团队和中国科学院大气物理研究所郄秀书团队一直在开展人工触发闪电的研究工作。对雷电物理的研究，近年来有了新的发展，2005 年中国气象局杨少杰、张义军等访问美国佛罗里达坎普布兰丁雷电试验场后，于 2006 年主持建立了广州野外雷电试验基地，开展了人工触发闪电的试验和城市高层建筑雷电光学观测，并取得丰硕成果。国内外对雷电物理研究方面的专著有：1965 年，R. H. Goldeet al.，《雷电》（上下册）；2000 年，王道洪等，《雷电与人工引雷》；2009 年，张义军等，《雷暴电学》；2012 年，V. A. Rakov，《雷电》；2013 年，郄秀书等，《雷电物理学》。可见，中国的雷电物理研究已在国际上占有一席之地。这些著作，应该成为防雷工程技术人员的必修课。

中国在雷电防护技术的研究方面，主要还是引进西方的理论和技术。1984 年，林维勇编写了 GBJ 57—83《建筑防雷设计规范》，采用的是电气几何模型：45°角折线法；2004 年，杨少杰等编写了 GB/T 19271—2003《雷电电磁脉冲的防护》（等同采用 IEC 标准）；2008 年，黄智慧等编写了 GB/T 21714.2—2008《雷电防护　第二部分：风险管理》（等同采用 IEC 标准）；2010 年，林维勇等重新修订了 GB 50057—2010《建筑物防雷设计规范》，采用电气几何模型：滚球法，并增加了雷电电磁脉冲防护的内容。上述标准构成了一个完整的建筑物防雷技术标准体系，大大促进了我国建筑物防雷技术水平的提高。防雷工程技术还包括了 SPD 的研发技术，目前在全球都是一个急需解决的问题。IEC SC37A 成立了相关工作组进行研究。而在我国，北京市气象局于 2011 年建立了全球第一个模拟自然雷电多脉冲现象的雷电高压试验室（同时序 10 个脉冲）；2014 年我国已经研发出能适应雷电多脉冲冲击的系列 SPD。为促进 SPD 的更新换代，2014 年黑龙江省气象局建立了 20 个脉冲的雷电高压实验室。到目前为止，中国已建立了 5 个雷电多脉冲高压实验室。作为中国雷电多脉冲高压试验室设备制造商，上海冠图公司做出了重要贡献。中国雷电多脉冲高压试验室的建立，为研究和生产多脉冲防雷产品和雷电科学研究提供了技术支撑。2017 年，中国雷电多脉冲产品技术被纳入国际电工委员会 IEC 61643—11:2011 低压电涌保护器第 11 部分:连接到低压配电系统的电涌保护器的性能要求和试验方法,作为该标准的附加试验,通过了德国 TUV 认证(2 PfG 2634/08.17)。

尽管我国防雷工程技术取得了长足的进步,但远未达到适应现代化建设雷电安全的要求。在电力输电线、海陆风电场、光电发电场、石油化工、烟花爆竹等场所,雷击事故时有发生。2011 年 7 月,温州(瓯江特大桥)动车雷击事故;2011 年 11 月,大连新港油罐雷击起火事故;2017 年 7 月,江苏滨海北区海上风电场海上升压站雷击起火事故骇人听闻。接连不断的雷击重大事故时刻在提醒着我们,防雷减灾任重而道远。当前,摆在防雷技术人员面前的重要任务之一,就是如何通过对《雷电参数的工程应用》的学习,结合中国的实际情况,对以雷电单脉冲认识为基础所建立的雷电物理模型、过电压的数学计算模型、工程应用中的相关计算公式进行修正,形成我国自主知识产权的防雷技术标准。这些工作或许还需要一个漫长的过程。本译文的出版,将对中国雷电物理研究,雷电防护技术研究和应用、技术标准制定起到积极作用。

《雷电参数的工程应用》共 11 章和 2 个附录。海南省气象灾害防御技术中心(原海南省防雷中心)正研级高工高燚负责翻译前言和第 1、2 章,并负责全文统稿和校核,周方聪负责翻译第 4、5、6、7、8 章,张廷龙负责翻译第 9、10 章,余海负责翻译第 3 章;广州市气象局杨晖负责翻译第 11 章、附录 1、附录 2;杨少杰、高燚负责译著的组织和审定,杨少杰为本书写了序。本书中文出版授权书,由 CIGRE 秘书长 Philippe Adam 先生亲自颁发,得到了美国 MCG 公司葛豪龙先生(Bruce Glushakow)和耿智荣小姐的热情帮助。翻译工作得到中国气象科学研究院王春乙书记,海南省气象局辛吉武局长的大力支持;原海南省防雷中心主任韦昌雄为本译著工作的开展给予了便利。南京信息工程大学肖稳安教授,中国气象局潘正林、高兴龙高工对译文提出了宝贵的指导意见。在此,一并表示衷心的感谢。

由于译者水平有限,不当之处请读者批评指正。

本译著得到了海南省南海气象防灾减灾重点实验室、国家自然科学基金面上项目（批准号：41775011）和海南省财政科技计划（项目编号：20164181，项目编号：2017CXTD014）的资助。

杨少杰

2019 年 3 月 28 日于海南

前　言

本书综述了 CIGRE WG C4.407 工作组从 2008 年 4 月至 2013 年 4 月的工作。也是对国际大电网组织在 Electra 上于 1975 年和 1980 年出版的下列文件的更新版：

Berger K.,Anderson R. B. and Kroninger H,1975,闪电参数. Electra,No. 41,pp. 23-37.

Anderson R. B. and Eriksson A. J.,1980,雷电参数的工程应用. Electra,No. 69,pp. 65-102.

Anderson R. B. and Eriksson A. J.,1980,雷电参数的工程应用综述. CIGRE 1980 Session,paper 33-06,12p.

同时也与国际大电网组织的下列报告相关：

CIGRE WG 33.01,Report 63. 输电线路防雷性能评价程序指南. October 1991,61p.

CIGRE TF 33.01.02, Report 94. 与电气工程有关的雷电特性：根据目前的技术进步评估传感记录和制图要求. 1995, 37p.

CIGRE TF 33.01.03,Report 118. 受到雷电闪击建筑物空气终端的拦截效率. October 1997, 86p.

CIGRE TF 33.01.02,Report 172. 雷电在电力系统中的应用特性. December 2000,35p.

CIGRE TF C4.404, Report 376. 雷电定位系统中的地闪参数：系统性能的影响. April 2009,117p.

本书归国际大电网会议组织版权所有，是 CIGRE 第 549 号技术手册，2013

年出版。

工作组(CIGRE WG C4.407)人员如下：

召集人：V. A. Rakov(US)，秘书：A. Borghetti(IT)。

成员：C. Bouquegneau (BE)，W. A. Chisholm (CA)，V. Cooray (SE)，K. Cummins (US)，G. Diendorfer(AT)，F. Heidler (DE)，A. Hussein (CA)，M. Ishii (JP)，C. A. Nucci (IT)，A. Piantini(BR)，O. Pinto, Jr. (BR)，X. Qie (CN)，F. Rachidi(CH)，M. M. F. Saba (BR)，T. Shindo(JP)，W. Schulz(AT)，R. Thottappillil(SE)，S. Visacro(BR)，W. Zischank，通讯成员(DE)。

工作组的职责范围可在附录2中找到。

本书是 CIGRE WG C4.407 所有成员及雷电参数工程应用志愿者等共同努力的结果。召集人特别感谢 M. M. F. Saba 和 k. Cummins 准备第4章，G. Diendorfer 准备第8章，O. Pinto 准备第9章，A. Borghetti，W. A. Chisholm，F. Heidler，C. A. Nucci，A. Piantini and S. Visacro 准备第10章。Y. Li 和 B. Glushakow 帮助文本编辑，L. M. White 帮助打字。

原著是国际大电网组织的技术手册，共包含了概述、10个章节、2个附录、结论以及参考文献，译者为了便于读者理解，章节做了部分调整，分为11章、2个附录及参考文献，为尊重原著，仅对部分明显错误做了修正，章节中的内容未做任何改动，参考文献原样列后。需要说明的是，“雷电”也称“闪电”，根据不同习惯说法本书未做统一调整。

目　录

序

前言

第1章　概论 ……………………………………………… (1)

第2章　闪电的一般特征 ……………………………………… (7)

2.1　术语和定义 ……………………………………… (7)

2.2　闪电放电类型 ……………………………………… (8)

2.3　对地转移电荷的三种模式 ……………………………… (10)

2.4　地闪密度 ……………………………………… (12)

2.5　下行负地闪的回击数 ……………………………… (14)

2.6　击间间隔及闪电持续时间 ……………………………… (15)

2.7　多通道接地 ……………………………………… (16)

2.8　闪电回击的相对强度 ……………………………… (19)

2.9　小结 ……………………………………… (23)

第3章　基于电流观测反演的回击参数 ……………………… (24)

3.1　峰值电流的经典分布 ……………………………… (24)

3.2　直接观测的峰值电流 ……………………………… (32)

3.3　源于电流观测的其他参数 ……………………………… (38)

3.4　参数间的关联性 ……………………………………… (45)

3.5　磁场观测推导峰值电流 ……………………………… (47)

3.6 通道底部电流方程 …………………………………………………… (50)

3.7 小结 …………………………………………………………………… (51)

第4章 连续电流 ……………………………………………………… (53)

4.1 连续电流的特征 ………………………………………………… (53)

4.2 连续电流持续时间的分布 ……………………………………… (55)

4.3 连续电流前、后回击峰值电流 …………………………………… (57)

4.4 连续电流的波形和M分量 ……………………………………… (58)

4.5 连续电流幅度和转移电荷量 …………………………………… (60)

4.6 小结 …………………………………………………………………… (62)

第5章 闪电回击传播速度 ………………………………………… (63)

5.1 简述 …………………………………………………………………… (63)

5.2 通道可见部分的平均回击速度 ………………………………… (64)

5.3 通道底部100 m的回击速度 …………………………………… (66)

5.4 回击速度随高度的变化 ………………………………………… (67)

5.5 回击速度与峰值电流的关系 …………………………………… (68)

5.6 小结 …………………………………………………………………… (68)

第6章 闪电通道的等效阻抗 ……………………………………… (70)

6.1 简述 …………………………………………………………………… (70)

6.2 实验数据的推论 …………………………………………………… (72)

6.3 小结 …………………………………………………………………… (74)

第7章 正闪与双极性闪电 ………………………………………… (75)

7.1 简述 …………………………………………………………………… (75)

7.2 一般特征 …………………………………………………………… (76)

7.3 闪电多回击 ………………………………………………………… (77)

7.4 电流波形参数 ……………………………………………………… (80)

7.5 小结 …………………………………………………………………… (82)

第 8 章 上行闪电放电 …………………………………………………… (83)
8.1 简述 …………………………………………………………………… (83)
8.2 高物体有效高度的概念 ……………………………………………… (83)
8.3 上行闪电的起始 ……………………………………………………… (86)
8.4 上行闪电的季节特性 ………………………………………………… (86)
8.5 上行负闪电的一般特征 ……………………………………………… (87)
8.6 负上行闪电中的脉冲电流 …………………………………………… (89)
8.7 上行正闪电的特征 …………………………………………………… (91)
8.8 上行双极性闪电的特征 ……………………………………………… (93)
8.9 小结 …………………………………………………………………… (94)
第 9 章 雷电参数的地域和季节变化 …………………………………… (95)
9.1 简述 …………………………………………………………………… (95)
9.2 回击峰值电流和上升时间 …………………………………………… (97)
9.3 闪电多回击、击间间隔以及闪电通道数 …………………………… (100)
9.4 连续电流强度和持续时间 ………………………………………… (102)
9.5 小结 ………………………………………………………………… (105)
第 10 章 工程应用所需的雷电参数 …………………………………… (106)
10.1 简述 ………………………………………………………………… (106)
10.2 通则 ………………………………………………………………… (107)
10.3 输电线路 …………………………………………………………… (111)
10.4 配电线路 …………………………………………………………… (115)
10.5 避雷器和浪涌保护器 ……………………………………………… (117)
10.6 其他地面装置 ……………………………………………………… (118)
10.7 普通建筑物防护所需的雷电参数 ………………………………… (119)
10.8 小结 ………………………………………………………………… (121)
第 11 章 结论综述 ……………………………………………………… (122)

参考文献 …………………………………………………………………………… (126)

附录 1　缩略词一览表……………………………………………………………… (161)

附录 2　工作组(WG C4.407)《雷电参数的工程应用》职责范围 ……… (163)

第 1 章　概　论

雷电参数在工程中的应用，一般需要包括闪电峰值电流、最大电流陡度、平均电流上升率、上升时间、持续时间、转移电荷量和比能量(作用积分)。所有这些参数均可由直接测得的电流推导而来。被 CIGRE 采用的这些参数是基于 Berger 及其同事在瑞士的直接测量。他们还借助于增加样本数和不太精确的磁钢棒进行测量。奥地利、巴西、加拿大、德国、日本、俄罗斯和瑞士在装有仪表的高塔测量电流，也有一些国家通过火箭人工触发闪电测量电流。此外，现代雷电定位系统通过测量磁场或电场来估算电流峰值。本文的目的之一就是评估这些新的试验数据以及过去应用的旧数据，以确定其适用于不同的工程计算。评估包括设备和方法两个方面。雷电参数的地理性、季节性和其他的变化特征也将进行分析。此外，还包括每个闪电的回击数、击间间隔、每个闪电的通道数、闪电相对强度、回击速度、闪电通道的等效阻抗以及连续电流和 M 分量的特征等雷电参数。但是潜在认为可能造成更大破坏的正极性和双极性闪电方面并没有给出比以前更详细的信息。

全书总结了闪电的一般特征，基于闪电的观测给出了直接观测的峰值电流，经典的分布图，基于电流观测反演的回击参数，参数间的关联性以及通道底部的电流方程。专门分析了连续电流和 M 分量的特征、闪电回击传播的速度、闪电通道的等效电阻，针对正极性和双极性闪电以及上行闪电放电做了专题讨论和研究，总结了近年来全球发表的重要结果，还进一步探讨了雷电参数在不同地域的特点和随季节发生的变化，分别列举了输电线路、配电线路、避雷器及浪涌保护器、地面变电站、普通建筑物等工程应用中所需的雷电参数要求，并进行了总结和讨论，给出结论。全书的主要结论和工程应用中推荐的雷电参数概述如下：

大约80％以上的负地闪是由两个或两个以上的回击组成，这一百分比明显高于由 Anderson et al. (1980)基于不精确的数据记录所评估的55％。每一个闪电的平均回击数为3～5个，击间间隔几何平均值大约为60 ms。有三分之一到二分之一的闪电产生两个或两个以上的接地点，接地点之间可相隔达几千米。为了记录多通道接地点，当对一个闪电只记录一个位置时，应对测量到的地闪密度进行修正。其校正因子为1.5～1.7，高于由 Anderson 和 Eriksson (1980)评估的1.1。首次回击峰值电流典型值比继后回击峰值电流大2～3倍。然而，大约三分之一的地闪包含至少一个具有电场峰值的继后回击，理论上，电流峰值大于首次回击峰值。

在意大利、瑞士、南非以及日本，直接电流测量的负地闪首次回击峰值电流平均值大约为30 kA，而在瑞士人工触发上行闪电的继后回击的峰值电流典型值为10～15 kA；在巴西，相应的测量值为45 kA及18 kA，需要追加一些测量。CIGRE及IEEE推荐的负地闪首次回击峰值电流的“全球”分布见图3.2，每一个都是混合了直接电流测量以及较不精确的间接测量（其中有些质量可疑）。然而，“全球”分布已广泛应用于防雷研究中，并且与仅仅根据直接测量所得结果（中值＝30 kA，$\delta_{lg}I$＝0.265，Berger et al.）相差不大，建议仍继续采用此“全球”分布代表负地闪首次回击。

对于负地闪继后回击，应采用图3.1的分布曲线4（中值＝12 kA，$\delta_{lg}I$＝0.265），对于正地闪首次回击，推荐图3.1的分布曲线2（中值＝35 kA，$\delta_{lg}I$＝0.544），虽然数据非常有限，且可能受到位于山顶的雷击对象的干扰，宜继续在装设有测量仪器的高塔（下称观测塔）进行直接电流测量。在奥地利、巴西、加拿大、德国、瑞士的观测塔上一直进行着直接电流测量，但是在这些高塔上观测到的绝大多数闪电（巴西除外）为上行闪电。

推荐的雷电流波形参数，仍然是基于Berger(1975)的数据。由于Berger所使用的测量仪器的局限性，导致 Anderson et al. (1980)用 Berger 示波器波形图来评估的电流上升时间被大大低估。人工触发闪电的电流上升时间数据(见表 3.7)可用于自然闪电的继后回击。在闪电峰值电流与脉冲转移电荷之间，以及电流上升率与电流峰值之间有较强的相关性，而峰值电流与上升时间之间相关性较弱或没有相关性。

美国国家雷电探测网(NLDN)及其他类似的闪电定位系统，利用电场一电流转换关系实现对电流的反演，而他们仅对负极性继后回击进行了校准，其绝对误差中值为 10%～20%。目前还不清楚负极性首次回击及正极性闪电峰值电流的估计误差。除 NLDN 型系统(像欧洲国家参与的 EUCLID、日本雷电探测网和区域系统)外，还有其他的闪电定位系统。它们也报道利用电场测量来推算闪电峰值电流。这些系统包括 LINET(大多数在欧洲)、USPLN(美国，其他国家也有类似的系统)、WTLN(美国和其他国家)、WWLLN(全球)及 GLD360(全球)，目前未知后面这些系统的峰值电流估算误差。

含连续电流(CC)的正极性闪电(正闪)的百分比远远高于负极性闪电(负闪)，正闪往往比负闪有更长及更强的连续电流。与负闪相比，正闪能产生更强的峰值电流和更长的连续电流。自然云地闪的连续电流波形可以分成 6 类。每个连续电流的 M 分量(叠加于连续电流之上)多少似乎取决于闪电的极性。对于负闪，观测到每个连续电流平均有 5.5 个 M 分量，而正闪每个连续电流平均有 9 个 M 分量。对于负地闪，回击始发的长连续电流电流峰值通常较小，而连续电流之前的回击具有较大的峰值电流且击间间隔也相对较小。

在计算引起配电线路感应过电压的雷电电磁场时，需要闪电回击速度这个参数。从电场推导雷电流的转换程序中，明显或不明显地对回击速度做了假定。在较低云层边界下方，负回击(首次或继后)的平均传播速度典型值在三分之一到二分之一光速之间。首次回击速度约为 9.6×10^{7} m/s，继后回击的速度约为 1.2×10^{8} m/s，看起来，似乎首次回击速度比继后回击慢，然而差别并不大。对于正回击，资料非常有限，速度大约在 10^{8} m/s 量级。在闪电通道底部

100 m左右范围内(对应于电流峰值及电场峰值),负回击速度在光速的三分之一到三分之二,负回击(首次雷击及继后回击)速度通常随高度增加而减小。有一些实验证据表明,负回击速度可能沿闪电通道非单调变化,随着高度的增加,最初增大而随后减小。关于正回击速度随高度的变化,存在相互矛盾的数据,通常假定的回击速度与峰值电流的关系,普遍认为不被实验数据所支持。

需要用闪电通道的等效阻抗来说明直接雷击或感应雷击效应研究中的“源”。从有限的实验数据评估的阻抗范围,在几百欧姆到几千欧姆之间。许多情况下,这个阻抗在闪电回击点“被看作”数十欧姆或以下,它使人们可以假定雷电通道有无穷大的等效阻抗。换言之,在此情况下的雷电通道可以视为理想的电流源。对架空电源导线(等效阻抗为200 Ω,两个方向可以看作是400 Ω),直接雷击具有400 Ω的等效阻抗(冲击电阻),理想的电流源表示法仍可适用。但是,类似于架空线那样,用一个内部阻抗为400 Ω的电流源代表闪电,可能并不合理。

虽然正地闪只占全球总地闪活动的10%或以下,但是有若干情况(如冬季)似乎有助于正闪电的更频繁出现。直接测量到的最大雷电流(正闪近300 kA,负闪为200 kA或以下)以及最大转移电荷量(几百库伦或以上)与正闪相关。正闪通常由单回击组成,最多曾观察到4个回击。正闪中的继后回击大多出现在新的雷电通道中(更为普遍的情况),也可能出现在先前形成的通道中。尽管当前对正闪的观测有了进展,但我们对正闪物理过程的了解比对负闪物理过程的了解仍然少了许多。由于缺乏对正闪回击电流的直接测量,建议仍然采用Berger基于26个记录的峰值电流分布(见图3.1及表7.3),即使其中某些记录很可能不是回击事件。因此,应特别注意表7.3所列参数,它们的样本数比峰值电流的样本数小。显然,为了确定正闪回击峰值电流及其他参数的可靠分布,还需要对这类闪电进行更多的观测。双极性闪电通常由地面高大物体的上行先导始发,然而,下行自然闪电也可能是双极性的。

位于平坦地面的高大物体(高于100 m)以及位于山顶有中等高度(几十米)

的物体，主要发生由上行先导始发的上行闪电放电。随着物体高度的增加，出现上行闪电的比例也增加。上行闪电(物体始发)总是包含一个初始阶段，可以跟随或不跟随有下行先导/向上回击的序列过程，有回击的上行闪电比例在20%～50%。初始阶段有稳定的电流幅值，通常为几百安培并有叠加的脉冲，脉冲峰值为几十安培至几千安培(偶尔有几十千安培)。在非对流季节，上行先导启动的上行闪电可以独立于下行闪电而出现。在许多情况下，同时观察到几个小时内从高大物体上启动了若干闪电。在高大物体上，双极性闪电的发生概率大致与正闪电的发生概率相同。下行闪电与更为复杂的上行闪电之间存在差异的原因，可能是从塔上启动的上行先导产生了多个上行分支以及塔尖与云电荷区相对较近的缘故。

根据目前文献中提供的资料，没有证据表明负地闪参数依赖于地理位置，只有电流强度可能与地理位置有关(包含首次回击和继后回击峰值电流)，但是显著性检验水平低于50%，从工程角度看，可能需要考虑地理位置的差异。然而，必须指出不能排除目前测量中观察到的差异是由于“地理位置”以外的原因，对于那些样本量非常有限的观测结果需要特别注意。同样，也没有关于季节性依赖的可靠信息。总之，目前现有资料不足以证实或反驳关于负地闪参数对地理位置或季节依赖的假设。另一方面，可能存在一些当地条件(例如日本的冬季风暴)，导致异常类型闪电(主要是上行类型)更频繁出现，异常类型闪电的参数可能明显不同于“普通”闪电的参数，有必要进一步研究，以澄清这些条件及其可能依赖地理位置的情况。

为了讨论雷电影响的严重程度，在电力工程的背景下，有必要对闪电造成破坏的物理损伤和绝缘失效后的过电压两种类型加以说明。在对架空输电线路的雷电性能模拟时，应该综合考虑正极性回击和负极性回击，通常，负闪首次回击被认为是输电线路绝缘面临的最大威胁(Chowdhuri et al.，2005)，但是正极性回击由于转移电荷能力更强，因此造成热效应损害的可能更大。配备避雷器产品的配电线路和架空地线主要受直击雷的影响，Michishita et al. (2012)

对这种特殊情况进行了分析，并强调了研究继后回击电流参数的重要性，避雷器每隔 100 m 或 200 m 的闪络率与继后回击的相关性高于首次回击。考虑变电站和类似的设施的防雷装置时，通常应包括：闪电拦截系统（如屏蔽线和垂直避雷针）和过电压保护装置。回击距离（滚球半径）是建筑物防雷设计中需要的附加参数，建筑物附近发生雷电的概率由每年的地闪密度决定，峰值电流对接地系统的设计非常重要，最大电流陡度决定最大的感应电压，从而决定保护建筑内部电气装置之间所需的隔离距离。

第 2 章　闪电的一般特征

在本章中，我们将介绍闪电的基本术语，描述地闪转移电荷的三种基本模式。我们还将简要讨论地闪密度，它是雷击发生概率最重要的参数。对于常见的负地闪，我们将讨论每个闪电的回击数、击间间隔、持续时间、多通道闪电接地和各个回击的相对强度。

2.1　术语和定义

闪电可以被定义为一个在空气中长达千米级的瞬态大电流（通常是数十千安培）放电现象。总体上说，闪电放电无论对地与否，常称为“lightning flash”或者就叫“flash”。闪电对地面或是大气中目标物放电时被称为“lightning strike（闪击）”。用非专业术语来说闪电放电就是雷电。术语“回击”和“回击分量”仅仅是指云对地闪电放电中的一部分。大多数闪电由多次回击组成。除了首次回击以后的所有回击都叫作继后回击。

每一个雷击是由称为先导的向下移动过程和称为回击的向上移动过程组成，先导在云中电荷区与大地之间建立一个通道，并沿着这个通道把电荷从云中泄放到大地。而回击却是电荷沿着这条通道从地面到达云中电荷区中和先导电荷。因此，先导和回击提供了从云到地面有效传输相同极性电荷（正或负）的过程。首次负极性闪击先导的光学特性是一个间歇过程，“梯级先导”这个词形象地描述了先导后续移动的过程。在长时曝光的照片上显示，不断向下移动的继后回击先导头部像箭一样，所以称之为箭式先导。两种类型先导之间明显的差异，与梯级先导在空气中初始发展，而箭式先导向下形成预放电通道闪击的事实有关。有时连续移动的箭式先导变成了梯级先导，这时人们把它称为“箭式－梯级先导”。有趣的是，所有这些类型的闪击产生的 X 射线脉冲能量通常高达 250 keV（一个典型 X 光胸片的 2 倍）(Dwyer et al.，2005)。

向下的梯级先导与地面之间的电势差可能是几十兆伏，与云中电荷源和地面之间(50～500 MV)相当或部分相当。当下行先导到达地面时回击就开始，大电流的回击迅速加热通道，使通道的峰值温度接近或超过 30 000 K，压力达到或超过 10 atm(1 MPa)，从而导致通道扩张、强烈的光学辐射和向外传播的冲击波，最终变成我们在远处听到的雷声。每个云地闪涉及的能量大约为 10^9 J，闪电能量约等于连续一个月点亮 5 个 100 W 灯泡。请注意这里指的是闪击点能量而不是所有的闪电能量，它只是闪电总能量的百分之一至千分之一，因为大多数的闪电能量已耗费在产生光、波和加热空气之中。

在千安培级规模的回击脉冲电流之后，通常会伴随着数百至千安培的连续电流，持续时间长达数百毫秒。持续时间超过 40 ms 的连续电流称为“长连续电流”，经常发生在继后回击中，30%～50%的负地闪包含长连续电流。当连续电流上有闪电通道瞬态过程发生时被称为 M 分量。

根据 Rakov et al. (2003)的研究，当电导率达到 10^4 S/m 时，任何自传导建立的放电通道就叫作先导。另一方面，电子流电导率更低，本质上空气中的电子流带仍然是一个绝缘体(Bazelyan et al.，1978)。电晕放电点也可以由许多单独的电子流带组成。电晕局限于附近的电极，如接地体、先导头、先导通道的外侧面或是水汽凝结体，也就是说，它不是一个自传导的放电。先导和电子流在雷电著作中有时可以互换使用。但在大多数情况下，电子流这个词被用来表示一个低光度的先导尤其是向上的连接先导。

2.2 闪电放电类型

全球大约每秒发生几十至一百次闪电，四分之三的闪电不涉及地面。云闪这个术语用 IC 来表示，包括云间、云内和云对空气的放电。云对地的放电用 CG 来表示，大约占全球闪电活动的 25%。

按照有效电荷极性和初始先导对地的传播方向，可将地闪分成四种不同的类型。“有效”这一术语是用来表明单个电荷在云对地放电过程中不会被传输。Uman(1987,2001)认为，闪电通道中的一部分电子流导致了其他电子流在通道内其他部分的流动。例如，在传输一库仑或更多电荷到大地的回击中，单个电荷在闪电通道里只移动不到一米。图 2.1 是四种不同类型的地闪。下行地闪分支向下生成，上行地闪分支向上生成。下行负地闪(a 型)占全球 90%或更多，而 10%或更少是下行正地闪(c 型)。上行闪电放电(类型 b 和 d)被认为只出现在高的物体(高于 100 m)或目标处于中等高度的山顶。

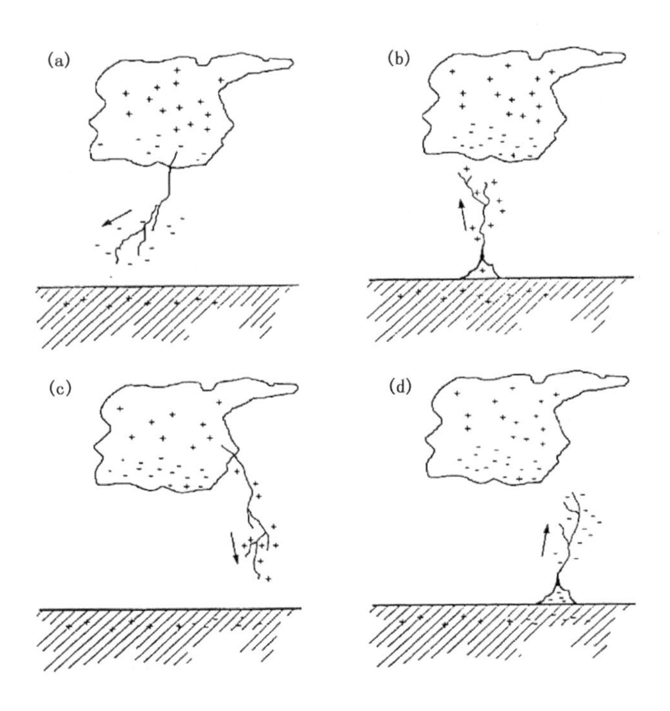

图 2.1　四种不同类型的地闪(Rakov et al. ,2003)

(a)下行负地闪；(b)上行负地闪；(c)下行正地闪；(d)上行正地闪

每个类型只显示了初始先导的传播方向和极性，(a)和(c)是正、负极性电荷的下行先导，(b)和(d)是正、负极性电荷的上行先导，图中没有给出上行和下行先导的双极性闪电。

闪电也能通过一枚小火箭拖带一根细线向过顶的电荷云发射进行人工触发。到目前为止，使用这种技术，在全球大约触发了1000次闪电。火箭触发闪电的先导和回击数据在大多数(不是全部)方面与自然下行地闪继后回击相似，而全部数据与上行闪电完全相似。人工触发闪电的试验结果，提供了深刻理解自然闪电的放电过程，但仍不可能代替对自然闪电过程的研究，因为在空间和时间上闪电都是一个随机过程(例如，Rakov，2009)。

如上所述，正闪电放电是相对罕见的(少于全球对地闪电活动的10%)，但是有五种情形似乎有利于发生更多的正闪电。包括：

(1)单体雷暴的消散阶段；

(2)冬季(冷季)雷暴；

(3)中尺度对流系统之后的层状区域；

(4)一些强风暴；

(5)森林火灾或被烟污染后形成的雷云。

正闪造成的破坏性比负闪更强大。

有时正电荷和负电荷在同一次闪电中都传输到地面，这样的闪电被称为双极性闪电。双极性闪电放电通常开始在高的物体(向上的类型)。显然，通过闪电通道的不同上行分支分别传输云中的正电荷和负电荷，下行双极性闪电放电确实存在，但很罕见。正闪和双极性放电主要在第7章中讨论，上行放电特性在第8章中讨论。

2.3 对地转移电荷的三种模式

为了方便说明负极性继后回击的情况，在闪电对地放电中有三种可能的转移电荷模式。负极性继后回击的三种模式是：(1)箭式先导/继后回击；(2)连续电流；(3)M分量。图2.2示意了与这三种模式一致的电流分布。

在负极性箭式先导/继后回击中，在云电荷区先导向下与地面之间建立闪电通道，负电荷沿着通道进行堆积，接下来回击横贯这个通道。电荷从地面向上移动到云中电荷区，中和负极性的先导电荷，所以先导和回击将有效负极性电荷从云中传输到大地。

闪电连续电流可以看作是云对地之间的静态电弧，典型的电弧电流有几十到几百安培，持续时间达数百毫秒。

M 分量可以看作是一种在连续电流上的脉冲过程，伴随着放电通道增亮。显然，M 分量包括的两个相反方向传播的波的叠加（见图 2.2）。

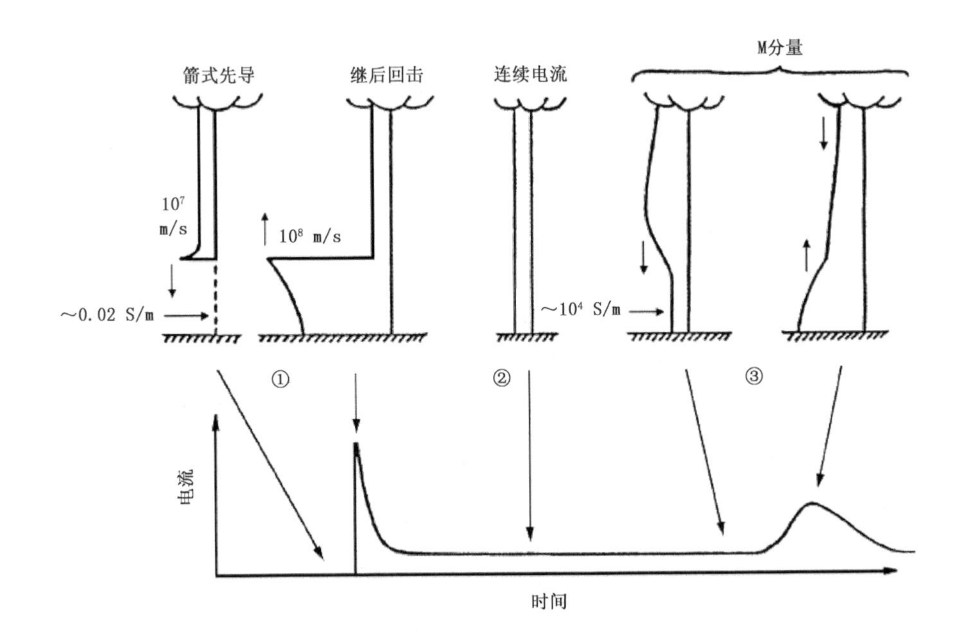

图 2.2　负闪继后回击的转移电荷三种模式对应电流波型图示（Rakov et al.，2001）

①箭式先导/继后回击；②连续电流；③M 分量

M 分量波前长度达 1 km（在图 2.2 中更短），而对于先导/回击波分别是 10 m和 100 m 左右。M 分量的对地转移电荷模式，需要有接地通道来传输这种波导结构的连续电流。相比之下，先导/回击的对地转移电荷模式结构不需要这样一个导电路径。在这一模式下，这种波导结构对于建立先导是无效的。详见图 2.2，除了图中虚线所示的箭式先导与地面之间这一段，虚线所示这段的导电通道电导率约为 0.02 S/m，连接后导电通道电导率达 10^4 S/m，(Rakov，1998)。因此，是否有导电通道是先导/回击与 M 分量的主要区别。随着通往地面的电导率减小，有可能向下的 M 分量变成了箭式先导。

M 分量的数量比先导/回击更多(Thottappillil et al.，1995)，说明对各种目标和系统的威胁更大。具体来说，由于连续电流热效应的影响，M 分量可能削弱金属结构的电动力。此外，作为电力系统雷电研究代表人物的 Uman et al.(1997)研究表明，当闪电通道有 1～2 个数量级变化的电流流过次级变压器时，产生的电流脉冲是由有相同数量级峰值的回击和 M 分量造成的。Berger et al.(1975)测量到有峰值超过 100 kA、上升时间达数百微秒的正极性电流波形，很可能是由于 M 分量模式的对地转移电荷引起的，这方面在 7.4 节中讨论。

2.4 地闪密度

地闪密度 N_g 在雷电防护方面是一个重要的参数。地闪密度是基于以下两个方面来进行监测和测算的：(1)雷击计数器(LFC)；(2)闪电定位系统(LLS)。还可以通过卫星光学探测或无线辐射探测器来进行监测和测算。值得注意的是卫星探测器无法区分云闪和地闪。因此，为了通过卫星观测获取 N_g 密度图，地闪与总闪的空间百分比分布就成为必不可少的参数。IEEE 1410—2010 建议，在缺乏地基观测 N_g 的情况下，基于卫星探测 N_g 等于三分之一的总闪密度(这其中包括了云闪和地闪)。

闪电定位系统。准确并且合理的闪电定位系统定位闪电放电需要用到多工作站系统。多工作站闪电定位系统(LLS)的运行原理可以在 CIGRE TF C4.404 Report 376(2009)中找到。这个系统现在被多个国家应用于获取雷电数据来画出 N_g 图。任何 LLS 都没法探测相对小的云地闪(特别是在电网边缘附近的云地闪)。并且，任何 LLS 也无法区分一些对 N_g 无意义的云闪。该系统的特点是：探测效率和地闪分辨率被网络配置结构、雷电在网络中的位置、系统传感器以及触发阈值、传感器波形选择标准、雷电参数以及磁场传播状况所影响。因此，系统输出值对 N_g 是不确定的(Lopez et al.，1992)。但是多工作站闪电定位系统是目前绘制 N_g 图最好的工具，更多关于 LLS 的详细信息可以在 CIGRE TF C4.404 Report 376(2009)中找到。

值得注意的是，LLS 记录的是回击而不是闪电，用记录闪电回击的方法来估算 N_g。更需要注意的是，闪电会在地面产生多个接地点，因此地闪回击数量大于闪电数量(详见 2.7 节)。当计算区域地闪发生率时，例如风险评估，这些因素应该被考虑进去。要准确计算 N_g 取决于每个网格单元闪电发生的数量，也就是取决于格点大小和观测周期(Diendorfer，2008)。推荐格点单元至少 80(Diendorfer，2008)或者 400(IEEE 1410—2010)。

闪电计数器。闪电计数器(LFC)是一个当闪电产生电场或磁场(中心频率在几百赫兹到几十千赫兹的范围内)超过一个固定的阈电平后被适当过滤后的记录工具。LFC 的输出结果是在给定的地点记录下闪电的数量和时间顺序。如果地闪基于总闪电计数器记录的比例 Y_g 和它的有效范围 R_g 是已知数据，LFC 就可以提供合理并且准确的地闪密度数据。然而，估测 Y_g 和 R_g 并不是一件简单的事情(Rakov et al.，2003)。

如果某地区的地闪密度 N_g 没有可用的测量数据，可通过年雷暴日天数 T_D 进行测算。大部分关于 N_g 和 T_D 的解释是由 Anderson et al. 提出(1984)，这个公式也可以称作区域年均雷暴活动水平：

$$N_g = 0.04T_D^{1.25} \tag{2.1}$$

这个公式是基于 CIGRE 在南非 62 个地区的 10 kHz 闪电计数器测得的 5 年平均值测算的对数回归方程，N_g 为相对应的气象站 T_D 的对数值。T_D 的范围是 4～80，N_g 的范围是 0.2～13 次/(km^2 · yr)，并且 N_g 和 T_D 对数相关系数是 0.85，另一个可以用来测算 N_g 雷电活动特点的是年雷暴小时 T_H。MacGroman et al. (1984 年)提出的 N_g 和 T_H 之间的关系为：

$$N_g = 0.054T_H^{1.1} \tag{2.2}$$

虽然 T_H 这个参数潜在来说与 N_g 相关比 T_D 与 N_g 相关更好，但是大样本基于相似电气几何特性的闪电造成电力线中断供电，以及大样本的区域 T_D 和 T_H 数据并没有显示出与 T_H 的相关性比与 T_D 的相关性更强(Dulzon et al.，1991)。T_D 和 T_H 都是在气象站中基于人员观测的数据。地闪密度从一个地区到另一个地区的变化非常大，如在美国大陆内，这个数值的变化超过 2 倍。

2.5 下行负地闪的回击数

一个典型的负地闪由 3～5 个回击组成，击间间隔通常为数十毫秒。美国新墨西哥州发现闪电的最多回击数有 26 个(Kitagawa et al.，1962)。需要注意的是，回击数包括预先通道(由第一次回击所建立的通道)中产生的回击和在地面形成新接地点的回击。地面新接地点的回击数，是预先通道中发展形成的首次回击和继后回击的中值。

表 2.1 通过回击计数方法，总结了不同地方每次闪电的平均回击数以及单回击闪电百分比。通过表 2.1 可以发现，在以前 CIGRE 建议的单回击闪电百分比为 45%(Anderson et al.，1980)，是一个过高估计了 2 倍甚至更多的数值。在热带地区(斯里兰卡和马来西亚)单回击闪电百分比基本与温带地区的数值一致。

表 2.1 负闪电的回击数和单回击闪电百分比

地点(参考文献)	每个闪电平均回击数	单回击闪电的百分比	样本数
新墨西哥州(Kitagawa et al.，1962)	6.4	13%	83
佛罗里达州(Rakov et al.，1990b)	4.6	17%	76
瑞典(Cooray et al.，1994b)	3.4	18%	137
斯里兰卡(Cooray et al.，1994a)	4.5	21%	81
巴西(Ballarottiet al.，2012)	4.6	17%	883
亚利桑那州(Saraivaet al.，2010)	3.9	19%	209
马来西亚(Baharudin et al.，2012)	4.0	16%	100

根据 Qie et al. (2002)对中国内陆高原(甘肃省)的 83 次负闪电的观测显示,每次闪电的平均回击数以及单回击闪电百分比分别为 3.8 和 40%。至今对于为何第二个数据(40%)明显不同于表 2.1 中相对应的数据,还需要额外的中国数据来进行验证。

2.6　击间间隔及闪电持续时间

击间间隔通常是在峰值电流和电磁场脉冲之间测算的。一些击间间隔包含了相当可观的持续时间的连续电流(详见第 4 章)。然而,在下一次回击到来之前,这些电流总是会消失(McCann, 1944;Berger,1967;Fisher et al. , 1993)。在连续电流的末尾和下一次回击的开始之间的时间间隔叫无电流击间间隔。通过高速摄像机(帧间隔为 1 ms 或更短)的观测,只能获得不太精确的击间间隔。

根据佛罗里达新墨西哥州对负闪回击计数(accurate-stroke-count)的研究发现,击间间隔的几何平均数大约为 60 ms(Rakov et al. ,2003)。若将长连续电流计算在内(详见第 4 章),击间间隔可以大到几百毫秒。偶尔地,两个先导/回击会产生在同一个闪电通道中,它们之间的时间间隔短到只有 1 ms 或者更少(Rakov et al. ,1994; Ballarotti et al. , 2005)。在回击形成长连续电流之前的击间间隔,显示出比普通击间间隔更短的倾向(Shindo et al. ,1989; Rakov et al. ,1990; Saba et al. ,2006)。表 2.2 小结了不同地域探测到的负闪击间间隔的几何平均数。另外,该表还给出了多回击闪电的持续时间。

Qie et al. (2002)记录了中国甘肃省的 50 个负闪电的击间间隔的几何平均数为 47 ms(样品数=238)。

表 2.2 击间间隔和闪电持续时间(括号内的数值为样本数)

地点 (参考文献)	击间间隔的几何 平均时间(ms)	闪电持续时间的 几何平均值①(ms)
佛罗里达和新墨西哥州(Rakov et al.,1990a)	60(516)	—
巴西(Saraivaet al.,2010)	62(624)	229(179)
亚利桑那州(Saraivaet al.,2010)	61(598)	216(169)
马来西亚(Baharudin et al.,2012)	67(305)	—

①仅仅是多回击闪电。

2.7 多通道接地

雷电对大地放电总数的三分之一到二分之一包括了单回击和多回击闪电。多回击闪电在地面多达几千米范围有超过一个的接地点。高密度的闪电测量结果不能说明多回击闪电是多个通道接地的。当只记录一个闪电时,相隔几百米所有发生的多个接地点就是多回击闪电。一般来说,地闪密度的测量值也会增加。根据表 2.3,需要 1.5~1.7 的地闪密度测量值校正系数来订正多通道接地的测量。明显大于之前 Anderson et al.(1980)估计的 1.1。

表 2.3 每个闪电的通道数

地点 (参考文献)	每个闪电平均 通道数	多接地闪电的 百分比	样本数
新墨西哥州(Kitagawaet al.,1962)	1.7	49%	72①
	1.6	42%	83②
佛罗里达州(Rakov et al.,1990b)	1.7	50%	76
法国(Berger et al.,1996;Hermant et al.,2000)	1.5	34%	2995
亚利桑那州(Valine et al.,2002)	1.4	35%	386
美国中部大平原(Fleenor et al.,2009)	1.6	33%	103
巴西(Saraiva et al.,2010)	1.7	51%	138
亚利桑那州(Saraiva et al.,2010)	1.7	48%	206

①仅指多回击闪电。

②包括了 11 个单回击闪电,假设每一个闪电只有一个通道。

在大多数案例中，一个给定的闪电的多接地点不与单个的多接地先导相关，而与事先形成通道内的后续先导的偏离有关。Thottappillil et al.(1992)根据佛罗里达州的 22 个闪电定位数据计算得出，一个闪电多通道接地点的距离在 0.3～7.3 km，几何平均数为 1.7 km(见图 2.3)。相同先导建立的两接地通道之间的几何平均值也是 1.7 km(这种情况占 22 个闪电的 32%，即 7 个)。在亚利桑那州南部的 NLDN 系统测得的首次回击和 59 个新接地点回击的距离中位数是 2.1 km(Stall et al.,2009)。

根据 Rakov et al.(1990b)的研究，后续先导建立接地通道的百分比迅速减少。第二先导是 37%、第三先导是 27%、第四先导是 2%、第五及之后的先导一个也没有。Rakov et al.(1990b)解释，这些结果表明首次回击(或者甚至是后续的前两个回击)通常不会创建一个适当的通道来支持先导传播到地面。一个闪电的固定通道至少要有 4 个连续(可能更多)的回击参与才能建立。注意，上述结果无法用之前长击间间隔具有 2～4 个回击的情况来解释。事实上，部分击间间隔持续时间超过 100 ms 和具有 2～4 个回击，而不包括长连续电流的闪电与高阶回击是一样的。进一步来说，击间间隔几何平均 2 个回击与 5 个或更多个是类似的。根据 Ferro et al.(2012)研究，新的接地点更有可能是由后面的长击间间隔产生，前面击间间隔变成了后面两个或两个以上回击建立预先通道的一个因素。

在亚利桑那州南部，Stall et al.(2009)观测到产生一个新的接地点，第二次回击为 59%，第三次回击(样本量 59 个)为 27%。他们观测到的 3 个案例中都是在第 5 次回击后才建立了新的接地点，其中一个案例是第 7 次回击才建立的。Stall et al.(2012)报告了 2 个案例，新接地点是由第 9 次回击建立的(但第 8 次却没有)。

多接地闪电的占比标示着强雷暴的变化。Rakov et al.(1990)报道的 3 个单体雷暴产生多接地点的比例在 29%～69%，平均为 50%。Thottappillil et al.(1992)在佛罗里达州与 Fleenor et al.(2009)在美国中部平原一样观测到 4 个不同的回击接地。Saraiva et al.(2010)在亚利桑那州观测到 5 个,巴西是 4 个。Berger et al.(1996)和 Hermant(2000)在法国观测到 6 个。一次闪电的最多接地通道数是 7 个(Rakov et al.,2003)。

在中国 Kong et al.(2009)研究了相同负先导建立的多通道接地。多通道接地闪电占比在 11%~20%,平均 15%(59 个闪电中有 9 个)。如果与佛罗里达州的观测进行对比是比较有趣的:Rakov et al.(1990)报道 76 个负闪的 50% 建立了多通道接地点,Thottappillil et al.(1992)报道的 22 个闪电中有 7 个(占 32%)闪电包含双接地先导,如果我们假设这 7 个闪电有 50% 多接地,就相当于 22 个闪电有 16% 的多接地闪电,这就与 Kong et al.(2009)报道的平均百分比相近了。

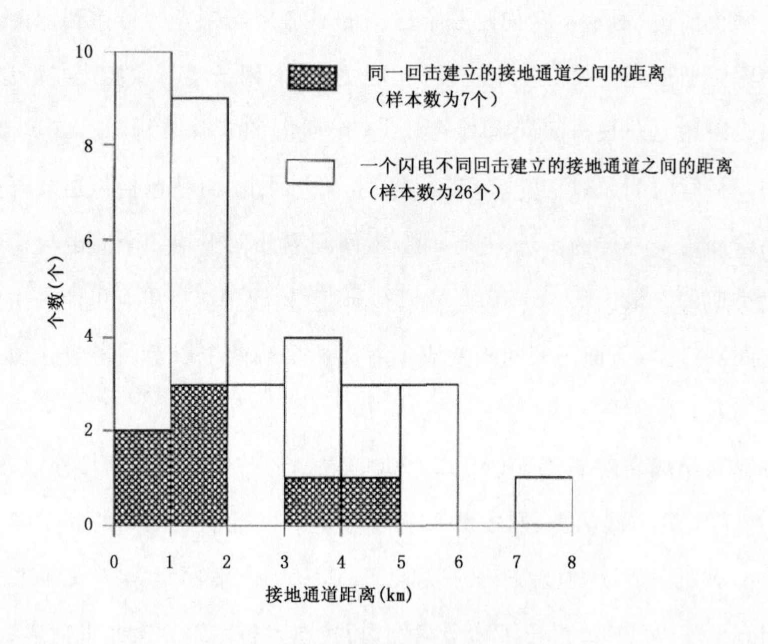

图 2.3　佛罗里达 22 个闪电的通道距离直方图(Thottappillil et al.,1992)

2.8　闪电回击的相对强度

Nag et al.(2008)通过美国佛罗里达州、奥地利、巴西、瑞典负地闪记录，分析了首次和继后回击电场峰值的相对强度。平均而言，首次回击电场峰值较继后回击明显高出 1.7～2.4 倍(由于观测仪器和方法的原因，在奥地利有从 1.0～2.3 的不同倍率)。Rakov et al.(1994)、Cooray et al.(1994)以及 Cooray et al.(1994)分别在美国佛罗里达州、瑞典和斯里兰卡对电场的研究也有类似结果报道。直接测量峰值电流，首次回击比继后回击平均高出 2.3～2.5 倍(Berger et al.,1975;Anderson et al., 1980;Visacr et al.,2004)。一般来说，这个倍率电流比电场更大，这意味着首次回击比继后回击的平均回击速度更低。这些关于首次回击与继后回击强度的报告，与基于闪电定位系统数据研究的报告有明显差异。基于闪电定位系统数据来研究首次回击与继后回击峰值电流强度的倍率，在巴西是 1.7～2.1(回击连续电流持续时间为 4～350 ms)。而在美国(亚利桑那州、得克萨斯州、俄克拉荷马州和大平原)是 1.1～1.6。当然这取决于所使用的方法，算术平均倍率通常比几何平均倍率更大。LLS 研究的倍率较小，很可能是由于 LLS 探测到的继后回击相对较少造成的。在奥地利这个值较小的原因，可能与(至少部分)有一个继后回击的闪电比只有首次回击的闪电多有关。在闪击中继后回击强度比首次回击要强的情况比例不高(在其他研究中这个比例为 50%，相对于 24%～38%)。需要进一步澄清的问题是，对首次回击和继后回击的相对强度，在不同地理位置以及采用的观测仪器和分析方法上存在着偏差。

Nag et al.(2008) 的小结见图 2.4 和表 2.4。同时，Qie et al.(2002)在中国甘肃省观测的 83 个负地闪，几何平均峰值倍率是 2.2。

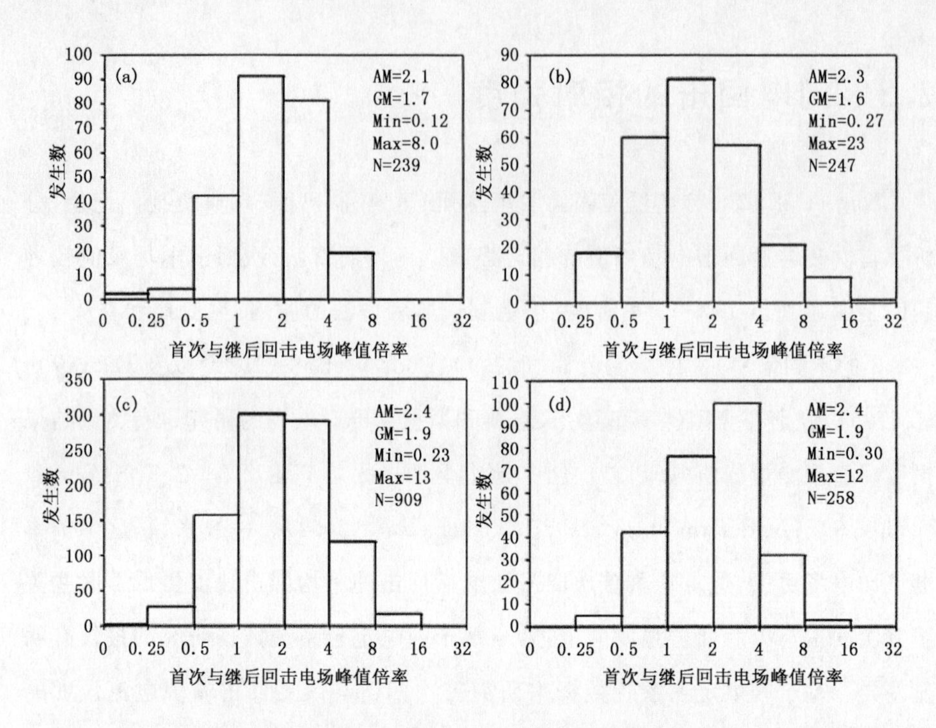

图 2.4　多回击负地闪首次回击与继后回击电场峰值倍率直方图(Nag et al.,2008)
(a)佛罗里达;(b)奥地利;(c)巴西;(d)瑞典

表 2.4　不同研究区首次回击与继后回击电场和电流峰值倍率估算汇总表

	地点（参考文献）	首次和继后回击峰值倍率的AM值	首次和继后回击峰值AM的倍率	首次和继后回击峰值倍率的GM值	首次和继后回击峰值GM的倍率	首次和继后回击峰值中位数的倍率	继后回击数	首次回击数	单回击闪电数	回击识别方法
电场	佛罗里达州（Rakov et al.,1990a,b)	—	1.9	—	2.0[①]	—	270	76	13	电场和电视记录
	奥地利（Diendorfer et al.,1998)	—	—	—	1.0	1.0	53443	43133	24120	闪电定位系统报告
	奥地利（Schulz et al.,2006)	2.3	1.4	1.6	1.3	1.1	247	81	0	电场记录

续表

	地点（参考文献）	首次和继后回击峰值倍率的AM值	首次和继后回击峰值AM的倍率	首次和继后回击峰值倍率的GM值	首次和继后回击峰值GM的倍率	首次和继后回击峰值中位数的倍率	继后回击数	首次回击数	单回击闪电数	回击识别方法
电场	巴西（Oliveira et al., 2007）	2.4	1.7	1.9	1.7	1.8	909	259	0	电场记录
	瑞典（Schulz et al., 2008）	2.4	2.0	1.9	1.8	2.0	258	93	0	电场记录
	佛罗里达州（Nag et al., 2008）	2.1	—	1.7	—	1.7②	239	176	0	电场记录
电流	瑞士（Berger et al., 1975）	—	—	—	—	2.5	135	101	50	直接电流测量
	瑞士（Anderson et al., 1980）	—	—	—	2.3	2.3	114	75	—	直接电流测量
	巴西（Visacro et al., 2004）	—	—	—	2.5	2.5	59	31	15	直接电流测量
	巴西（Ssba et al., 2006b）	—	2.1③	—	1.7③	1.6③	193	55	16	由视频记录确认的闪电定位系统报告
	亚利桑那州（Biagi et al., 2007）	—	1.5	—	1.3	1.2	1602	953	388	由视频记录确认的闪电定位系统报告
	德州和奥克拉哈马州（Biagi et al., 2007）	—	1.6	—	1.2	1.1	371	273	131	由视频记录确认的闪电定位系统报告
	大平原地区（Krider et al., 2007）	—	1.3	—	1.3	1.2	150	90	40	由视频记录确认的闪电定位系统报告

①预先形成通道的所有继后回击，Rakov et al.(1994)报告的倍率是 2.2。

②首次和继后回击峰值倍率的中位数，并不是首次和继后回击峰值中位数的倍率，关于其他的研究在专栏里。

③连续电流持续时间在 4～350 ms 的继后回击。

虽然首次回击电流峰值通常比继后回击大 2～3 倍，但是，由于大约三分之一的地闪包含至少一个带电场峰值的继后回击，所以，理论上继后回击的电流峰值比首次回击大。相对较高的百分比表明，这样的闪电并不少见，这与大多数雷电防护标准和应用(例如，军用标准 1983)并不相符。Thottappillil et al.(1992)在首次回击通道(13 个回击)和其他不同的通道(12 个回击)中，观测到继后回击有更大的电场峰值。后者 12 个回击中，6 个回击又重新建立了到地面的新通道，其余 6 个回击在预先形成的通道内。在同一通道内有较大电场峰值的继后回击与首次回击相关参数如表 2.5 所示。注意，较大的继后回击与短的先导持续时间(通过更高的先导速度推理)和前面长击间间隔相关。较大的继后回击，击间间隔从来不会小于 35 ms，而且很多一般的继后回击也是如此(Thottappillil et al.,1992)。

表 2.5　同一通道内继后回击与首次回击相关参数的几何平均值(Thottappillil et al.,1992)

参数	较大回击	所有回击
回击电场峰值(100 km)(V/m)	7.7(13)	2.6(176)
回击电流峰值[①](kA)	−27	−8.1
之前回击间隔时间(ms)	98(13)	53(176)
先导持续时间(ms)	0.55(8)	1.8(117)
继后与首次回击峰值电场倍率	1.2(13)	0.39(176)

注：括号中的数是样本数。

①推导公式是 $I_p=1.5-3.7\times E_p$，E_p 是回击初始电场峰值(V/m)，取正按 100 km 归一化，I_p 是回击电流峰值(kA)取负(Rakov et al.,1992)。

在直接测量电流试验中也观测到比首次回击更大的继后回击。33 个下行多回击负地闪中的 5 个(15%)打在了瑞士装有仪表的高塔上。这个闪电图谱是由 Berger(1972)提供的，包含一个或两个继后回击的初始回击峰值电流大于各自首次回击的峰值电流。有 8 个继后回击的电流峰值大于首次回击(是以上提到的 33 个闪电的 115 个继后回击的 7%)，它们与打到装有仪表的高塔上的首次回击都必然有同样的通道。这 8 个继后回击电流峰值是首次回击的 1.2 倍，是所有 115 个继后回击的 2.2 倍。有更大峰值的继后回击的击间间隔达

69 ms，大约是其他击间间隔 43 ms 的 1.6 倍。

对首次回击通道中的较大继后回击的回击峰值和击间间隔的统计，佛罗里达电场数据与在瑞士直接进行电流测量的结果是相似的。

比首次回击更大的继后回击对电力输电线路是额外的威胁，在第 10.3 节中讨论。

2.9　小结

典型的负地闪由 3～5 个回击组成(先导/回击序列)，它们的击间间隔的几何平均值约为 60 ms。两个先导/回击序列偶尔会发生在相同的闪电通道，它们之间的时间间隔短于 1 ms 或更短。根据在新墨西哥州、佛罗里达州、斯里兰卡、瑞典、亚利桑那州、巴西和马来西亚准确的回击计算研究，观测到的单回击闪电的百分比占 20％或更少，这远远低于目前 CIGRE(Anderson et al.，1980)推荐的 45％。在全球闪电放电中有三分之一到二分之一的单回击和多回击闪电，多回击闪电在地面几千米范围有超过一个的接地点。需要 1.5～1.7 的校正系数来订正多通道接地对地闪密度测量值的影响。这远远大于目前 CIGRE(Anderson et al.，1980)推荐的系数 1.1。首次回击的峰值电流通常比继后回击大2～3倍。然而，大约有三分之一的地闪包含至少一个有电场峰值的继后回击，理论上，这个继后回击的峰值电流大于首次回击。

第3章 基于电流观测反演的回击参数

工程应用上用到的传统雷电参数包括雷电峰值电流、最大电流陡度、平均电流上升率、上升时间、持续时间、转移电荷量、作用积分(比能量),这些都是来源于直接电流观测。这些被大多数雷电防护标准采纳的参数分布是基于Berger和他的同事们在瑞士开展的观测试验。用于安装在高塔上的直接电流测量仪已经制造出来了。其次,人工触发闪电能直观地测出其电流,这类闪电被公认为与自然闪电的继后回击类似。下文将描述闪电峰值电流的信息,以及由电流测量得到的其他参数和这些参数之间的相互关系。本章还讨论了通过测量电磁场来估算闪电峰值电流,包括应用于闪电定位系统的场—电流程序。另外,还将回顾文献中发现的通道底部电流方程。

3.1 峰值电流的经典分布

基本上,所有国家及国际雷电防护标准(例如,IEEE 1410—2010;IEEE 1243—1997;IEC 62305—1)都公布了包括负地闪第一次回击峰值电流的统计分布(包括单回击闪电)。这种分布情况(是大多数雷电防护研究的基础之一)很大程度上是基于1963—1971年在瑞士开展的直接闪电电流观测的统计结果(例如,Berger,1972;Berger et al.,1975)。图3.1是闪电峰值电流的累积统计分布情况。这些分布情况假设是对数正态分布(因为这类情况是绝对的偏态分布,也就是说,呈现数据曲线尾部向更高值延伸),并且给出了横坐标值占优的百分比。

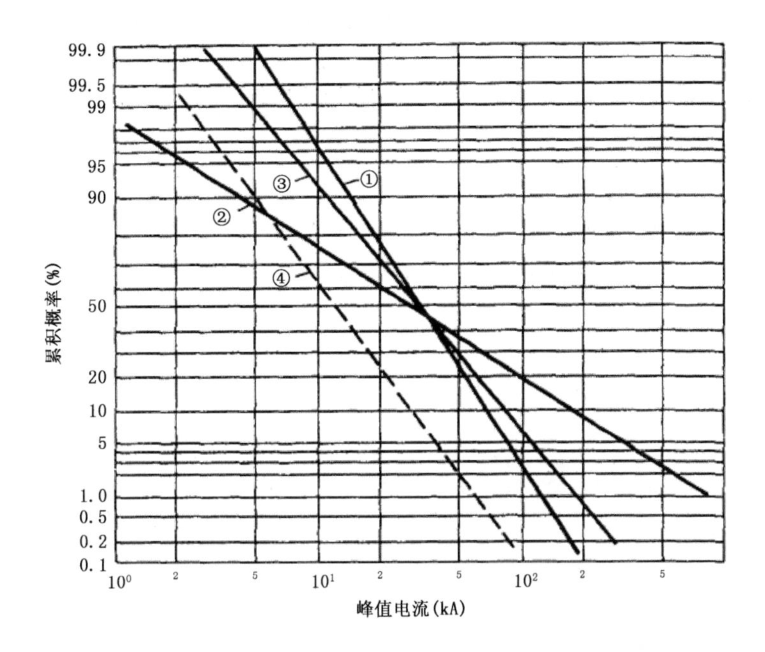

图 3.1　雷击电流峰值的累积概率分布(Bazelyan et al.,1978)

此图给出了不同横坐标值的百分比,其中数据来源于在瑞士开展的直接观测(Berger,1972; Berger et al.,1975)。假定概率分布为对数正态分布,其中①为负地闪首次回击(中值=30 kA,$\sigma_{\lg} I=0.265$),②表示正地闪首次回击(中值=35 kA,$\sigma_{\lg} I=0.544$),③为正、负地闪首次回击和④负地闪继后回击(中值=12 kA,$\sigma_{\lg} I=0.265$)。请注意,这里没有研究峰值电流低于 5 kA 的首次回击(两种极性的回击)。

值得注意的是,尽管遥测的电磁场数据说明存在电流大小达到 500 kA 甚至更高的情况,但文章中提到的任一极性的直接测量的电流波形,其峰值不超过 300 kA。需要郑重提出的是,由美国国家雷电探测网(NLDN)和其他类似系统报告的峰值电流估算值是利用在佛罗里达和奥地利的实验高塔的人工触发闪电数据进行有效性测试的经验公式,这仅仅适应于负极性的继后回击(Jerauld et al.,2005;Nag et al.,2011;Diendorfer et al., 2008)。闪电峰值电流的遥感测量将在 3.5 节中讨论。

峰值电流 I 的对数正态概率密度函数如下:

$$f(I)=\frac{1}{\sqrt{2\pi}\beta I}\exp(-z^2/2) \tag{3.1}$$

$$z = \frac{\ln I - \mathrm{Mean}(\ln I)}{\beta} \tag{3.2}$$

在(3.2)式中，$\ln I$ 是 I 的自然对数(底数为 e)，$\mathrm{Mean}(\ln I)$是 $\ln I$ 的平均值，$\beta=\sigma_{\ln} I$ 是 $\ln I$ 的标准差。

对于一个对数正态分布，$\mathrm{Mean}(\ln I)$等于电流 I 的几何平均和中值(M)的对数值。这意味着，$\mathrm{Mean}(\ln I)$的逆对数值等于 I 的中值(I 的 50%)。因此，变量 I 的中值和对数标准差能完全地描述一个对数正态分布，闪电峰值电流的对数标准差常以 10 为底表示(即 lg)；那些值应该乘以 ln10＝2.3026 以便得到 $\beta=\sigma_{\ln} I$。

峰值电流超出一个标准值 I 的概率记为：

$$P(I) = \int_I^{\infty} \frac{1}{\sqrt{2\pi}\beta I} \exp(-z^2/2)\mathrm{d}I \tag{3.3}$$

$P(I)$可以按如下方式计算：

$$P(I) = 1 - \phi(z) = \frac{1}{2}\mathrm{erfc}\left(\frac{z}{\sqrt{2}}\right) \tag{3.4}$$

(3.4)式中，ϕ 表示标准正态分布的累积分布函数，而 erfc 表示余补误差函数。

只有很少比例的负地闪首次回击峰值电流超过 100 kA，然而正地闪这一比例高达 20%(已观测到的仅有 20%)。另一方面，公认的全球地闪中，正地闪所占比例少于 10%。而对于负地闪首次回击峰值电流，超过 14 kA 的占 95%，超过 30 kA 的占 50%，超过 80 kA 的占 5%。负极性继后回击峰值电流对应值分别为 4.6 kA、12 kA 和 30 kA，正地闪为 4.6 kA、35 kA 和 250 kA。就峰值电流而言，继后回击通常强度较小，因此在防雷设计中常常被忽视(详见第 10 章)。根据图 3.1(直线③)，当正、负地闪首次回击都被考虑在内时，略高于 5% 的闪电峰值电流超过 100 kA。关于正地闪的其他信息将在第 7 章阐述。

图 3.1 中 Berger 得到的负地闪首次回击的峰值电流分布是基于大约 100 个光学观测的直接电流观测结果。到目前为止，这个结果是公认最精确的。在

Berger 给出的分布图中，峰值电流的极小值是 2 kA(注:没有观测到首次回击峰值电流值小于 5 kA 的情况)。显然，测量范围的上下限会影响统计分布的参数。Rakov(1985)指出，对于一个对数正态分布被测参数，“截断”分布和已知的测量范围下限能用于恢复真值参数“非截断”分布。它将这篇文章中的各种闪电峰值电流值应用到真值恢复过程中，指出 Berger et al. (1975)发表的峰值电流分布可以看成几乎不受 2 kA 的测量范围下限有效值的影响。另外，Rakov (2003b)指出，Berger 发表的基于在 70 m 高塔顶部测量的首次回击的峰值电流，是不受高塔激发的瞬态过程(反射)影响的。对于继后回击，反射预计增加塔顶电流 10%左右。由于高塔的峰值电流依赖吸附效应，基于高塔测量的峰值电流分布值(相对地表峰值电流分布)可能偏大(Sargent，1972；Borghetti et al. ,2004)。Borghetti et al. (2004)利用电磁模型研究指出，仪表塔上观测的峰值电流的中值，应该减小 20%～40%(依据吸引半径表达式)才是对应的平地电流值(不存在塔的地方)。有趣的是，这个电磁模型预测了一个 5 m 高的引雷物，都能明显地改变平地峰值电流分布(Mata et al. ,2008)。然而，由于邻近物体如建筑物和树的影响，这种情况在实际中不太可能发生。到目前为止，没有试验数据证明，高塔的存在显著地影响着下行闪电的峰值电流分布(CIGRE TF 33. 01. 03 报告 118，1997)。实际上，Popolansky (1990)描述了高度 15～55 m (n=64)和 56～65 m(n=81)的引雷物体的负极性峰值电流中值分布为 30 kA 和 27 kA。这也不支持预期的物体高度会影响中值大小的观点。在这个高度范围内，上行闪电的影响经常可以忽略不计。总之，测量范围下限或者高塔的存在不是很明显地影响着 Berger 的负地闪首次回击和继后回击峰值电流分布结果。

在雷电防护标准中，为了增加样本数量，经常使用在南非开展的有限直接电流观测和不太准确的磁力线圈获取的间接电流观测(在不同国家)来补充 Berger 的统计数据(详见表 3. 1 和下文中的其他讨论)。关于负地闪首次回击峰值电流分布结果，雷电防护标准认可的主要有两个：IEEE 分布(例如，IEEE

1410—2010；IEEE 1243—1997；Anderson，1982）和 CIGRE 分布（例如，Anderson et al.，1980）。这两种"全球"分布如图 3.2 所示。

表 3.1　负地闪首次回击"全球"峰值电流分布样本数

国家	Popolansky，1972	Anderson et al.，1980	CIGRE 63 号文件，1991	备注
瑞士	192（正和负闪）	125（仅负极性）	125（仅负极性）	塔上直接观测
捷克斯洛伐克	208	123	123	烟囱上磁力线圈
波兰	122	3	3	烟囱上磁力线圈
瑞典	28	14	14	烟囱上磁力线圈
挪威	3	0	0	烟囱上磁力线圈
英国	8	0	0	烟囱上磁力线圈
澳大利亚	19	18	18	烟囱上磁力线圈
美国	44	44	44	烟囱上磁力线圈
南非	0	11（仅负极性）	81①	在桅杆和电源线上的直接测量和磁力线圈测量
合计	624	338	408	

①显然，29 个值是在 160 m 的桅杆上测量的电流值，而 52 个值是在试验电源分布线间接测量（磁力线圈）得到的。

在图 3.2 的坐标中，一个累积对数正态分布表现为倾斜的直线。Anderson et al.（1980）任意引入两条不同斜率并且相交于 20 kA 的斜线，来趋近于基于表 3.1 所列数据的峰值电流分布。同样的方法，在 CIGRE 63 号文件中获得通过（1991）。值得注意的是，IEEE 1243—1997 标准也提到了两种斜率的 CIGRE 分布。对于 CIGRE 分布，98％的峰值电流超过 4 kA，80％的峰值电流超过 20 kA，5％的峰值电流超过 90 kA。

对于 IEEE 分布，超过某一值的峰值电流的概率与峰值电流大小呈现如下的关系式：

$$P(I)=\frac{1}{1+\left(\frac{I}{31}\right)^{2.6}} \tag{3.5}$$

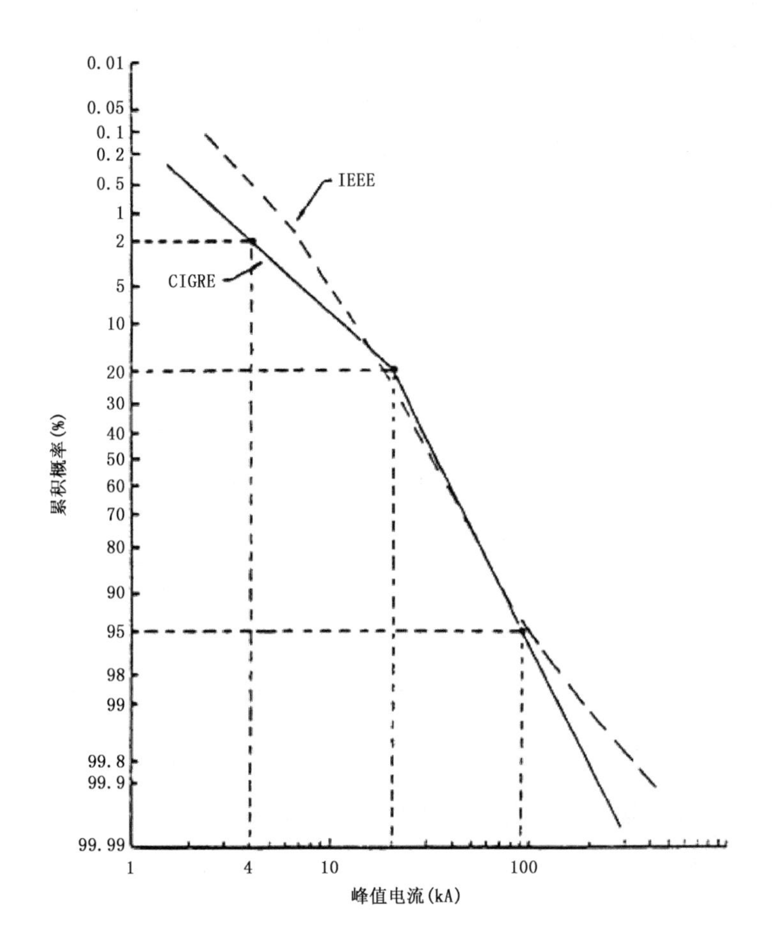

图 3.2　IEEE 和 CIGRE 采用的负地闪首次回击峰值电流的累积统计分布
(CIGRE 63 号文件,1991)

为得到如图 3.1 所示的峰值电流概率,应用 100%减去纵坐标轴上的百分比值,
横坐标是峰值电流值。

式中 $P(I)$是百分比,I 的单位为 kA。根据 Hilemen(1999),通常被假定适用于负首次雷击的这一等式,基于 Poplansky(1972)分析的 624 个雷击数据,它的样本数包括正雷击和负雷击,还有上行闪电的雷击(见表 3.1 下面的讨论)。(3.5)式适用的最高电流为 200 kA。对于更大的峰值电流,IEEE 1243—1997 建议采用双斜率 CIGRE 分布。而 IEEE 1410—2010 明显依赖于 Berger 分布的对数正态近似来计算最后峰的电流峰值(I_F)。电流从 5 kA 变化到 200 kA,

用(3.5)式计算的 $P(I)$ 值在表 3.2 中给出。中值(50%)的峰值电流为 31 kA。

在 10～100 kA 范围内,有实验数据作为支撑,IEEE 和 CIGRE 分布特征两者非常接近。而在这个范围之外,由于数据相对缺乏,不确定性非常大以致不能用一种分布去验证另一种分布。

IEEE(IEEE 1243—1997 标准;IEEE 1410—2010 标准)采用的继后回击的峰值电流分布由下面的等式给出:

$$P(I)=\frac{1}{1+\left(\frac{I}{12}\right)^{2.7}} \tag{3.6}$$

表 3.2　由(3.5)式和(3.6)式给出的 IEEE 峰值电流分布

峰值电流 I(kA)		5	10	20	40	60	80	100	200
超过列表值的比例,$P(I)$,100%	首次回击	99	95	76	34	15	7.8	4.5	0.78
	继后回击	91	62	20	3.7	1.3	0.59	0.33	0.050

表 3.2 给出了与(3.5)式的对比结果。CIGRE 推荐用中值为 12.3 kA 和 β=0.53的对数正态分布,来描述负地闪继后回击的峰值电流分布(CIGRE 63 号文件,1991),这也包含在 IEEE 1410—2010 标准中(见表 3.6)。

我们现在进一步讨论在大多数雷电防护标准中出现的“全球”分布。这类分布和 Berge(1975)通过直接电流观测获得的分布没有太大的差别,仍是公认最可靠的(例如,Gamerotaet al.,2012)。然而,极小尤其是极大(>100 kA)峰值电流,需要有比目前可用的更大量的样本数(或在可预见的未来可用的,成千上万甚至更多),将不确定性缩小到工程精度范围以内。

因此,在这一点上,尝试整合尽可能多的观测结果来增加样本数,以减小统计的不确定性是很自然的了。Popolansky (1972)做了这样一个尝试:综合了在 8 个国家采集的高物体和电源线上的直接和间接(磁力线圈)电流观测值(见表 3.1)。全部样本数为 624 个。之后,研究发现一部分在高物体上采集的间接测量值可能与上行闪电的回击有关(Anderson et al.,1980)。因此,上行闪电不可能发生在高度低于60 m的物体上，仅保留了低于60 m的物体上的观测结果，用于编制新版全球峰值电流分布。另外，排除了所有正极性电流观测结果并且添加了在南非观测的11个电流观测值(Anderson et al.,1980)。全部样本数变为338个。最后，在CIGRE 63号文件(1991)中，添加了额外的70个在南非获得的观测结果(直接和间接都有)，总样本数增加至408个。这额外70个电流值的大部分，是通过在电源线的木杆上安装的4～5个典型分流磁力线圈获得的(Eriksson et al.,1984)。

令人担忧的是，全球闪电峰值电流分布包含不太精确的间接(磁力线圈)观测值。甚至就简单的闪电引下线上的观测，或者安装在传输线塔顶部的垂直避雷针的观测来说，都有可能出现巨大的误差。特别是磁力线圈在传输过程中震动，或者雷击物体顶部由于感应到附近发生的闪电而产生的不完全放电，这都能使得其饱和或者消磁。Bazelyanet al.(2006)通过建模指出，邻近的下行先导传输过程中，物体尖端(或在未连接的上行先导处)感应带电。当下行先导始发的回击发生时，这部分电荷突变能在物体上感应出千安培级别的电流，如此大的感应电流通常与闪击极性相反。研究发现建筑物越高感应的电流越大，这种效应即使排除了超过65 m的物体也是存在的(对于这类物体上行闪电可能是其中一个因素)。Popolansky(1990)的观测结果，可能与磁力线圈观测的峰值电流中值下降有关。总之，最好使用直接电流测量，增加间接测量则可能包含有错误的数据。

关于“全球”闪电峰值电流分布的另一种担忧，是关于集成在一个样本内不同来源的数据同化问题。Popolansky(1972)注意到基于间接电流观测的7个分布中只有两个(来自捷克斯洛伐克和波兰)与瑞士基于直接电流观测得到的分布情况具有很好的一致性。而来自美国的1个分布，测量最小值为7 kA，这暗示着这个值可能显著地缩小了(Rakov,1985)。然而，美国的电流分布收录在新版的“全球”分布中(Anderson et al., 1980;CIGRE 63号文件,1991)。而且，Anderson et al.(1980)增加了11个在南非观测的峰值电流值，尽管他们提出了一个相当不同的分布(中值=41 kA,最小值=10 kA)。这11个值中,仅有8个被确认与下行闪电一致,而另外2个是由磁力线圈测得。

有一种考虑,是关于在南非的观测结果取自高塔底部传感器,可能会受到塔内传输过程的巨大影响(例如,Melander,1984)。最终,在南非观测的70个额外的数据(包括直接和间接观测)增添在CIGRE 63号文件中(1991),其中大部分观测数据是综合了一条测试分布线上的多级分电流观测得到的。目前的数据是通过几年间配置不同线路得来的(有或无避雷器,变压器和连续电流)(Erikssonet al.,1984),这可能引入了额外的不确定性。

如早先记录的CIGRE"全球"电流分布的最新版本,是近似于两条有不同斜率并且相交于20 kA的直线(见图3.2)。在20 kA处斜率的变化可能与集合数据有关,其没有描述相同的共性。混合直接电流观测结果和不太精确的间接观测结果是否有助于建立一个统计上更加可靠的分布是不清楚的。事实上,这可能相当于混入更大量可疑质量的数据,而使得具有相当高质量的数据产生了质量问题。

3.2 直接观测的峰值电流

俄罗斯、南非、加拿大、德国、巴西、日本、奥地利,还有瑞士(不同于上文中一个塔)在装备了仪器的塔上开展了更大量的直接电流观测。结合巴西、日本和奥地利的研究,下文对其重要结论进行综述并与Berger的数据进行对比。火箭触发闪电的直接电流观测也在考虑范围内。关于上行闪电电流的其他信息将在第8章阐述。

巴西。Visacro et al.(2004)对1985—1998年间,在巴西贝洛哈里桑特附近的Cachimbo塔上(60 m高度)获得的观测结果进行统计分析(电流传感器安装在塔底),1985—1998年间,把两个频率带宽在$1\times10^{2}\sim1\times10^{7}$ Hz的皮尔逊线圈连接到两台采样间隔为50 ns的示波器上。一个线圈用于测量超过20 kA的电流,另一个线圈测量低于 20 kA 的电流。用一个标准的火花间隙,当电流达到 20 kA 时旁路分流后一个线圈。电流传感器能够记录多达 16 个电流脉冲。每个脉冲记录长度为 400 us,触发阈值为 800 A,两个连续触发信号间的截止时间小于 12 ms。很显然,在 1999—2007 年,没有可靠的电流观测数据。到 2008 年,观测系统升级。分别安装了两个新的带宽在 0.25～4×10^6 Hz 和 3～1.5×10^6 Hz 的皮尔逊线圈。其中一个线圈电流测量范围为 20～9000 A,另一个线圈测量范围为 20～200 000 A。记录电流采用的是一个多通道、12 位、采样能力可达 60 MHz(17 ns 采样间隔)的数据采集系统,没有使用火花间隙,触发阈值为 60 A。时间记录长度为 1 s,预触发时间 30 ms(33 ns 采样间隔);或者为 0.5 s,预触发时间 15 ms(17 ns 采样间隔)。新的观测系统能记录全部闪电电流,2008 年继续进行了电流观测。

在 1985—1998 年,总共记录了 31 个负极性下行闪电,其中包含 80 个回击(13 年间)。研究发现,首次回击和继后回击的中值峰值电流分别为 45 kA 和 16 kA,高于 Berger et al.(1975)利用包含 236 个回击的 101 个闪电数据统计的 30 kA 和 12 kA。这种差异的可能原因包括:(1)巴西的研究样本数量相对较少;(2)地理位置对闪电参数的影响(巴西与瑞士的地理位置不同,第 9 章也会提到);(3)电流传感器安装在塔上的位置不同(巴西:安装在 60 m 高塔的塔底;瑞士:安装在 70 m 高塔的塔顶)。

对于典型的首次回击(较长上升时间),期望讨论中的这些塔相当于导电性短物体(electrically short objects),以便电流传感器的位置不会影响观测结果。另一方面,对于继后回击(较短上升时间),这些塔可能会呈现分布式回路特性。在这种情况下,相比于塔顶测得的峰值电流,塔底部测得的峰值电流预计会受到塔上的暂态过程更为强烈的影响(Melander, 1984;Rakov,2001)。Visacro et al.(2005)利用一个混合电磁模型并且假设有一条 100 m 长的上行连接先导进行研究,指出对于典型继后回击电流上升时间,Cachimbo 塔顶部和底部测得的峰值电流在本质上应该是相同的。Visacro et al.(2012)分别增加了 7 个和

12 个首次回击和继后回击的样本，包括 2008—2010 年的其他观测数据进行分析，得出首次回击电流的总体变化范围在 14～153 kA，继后回击电流变化范围则在 47～65 kA。首次回击和继后回击的峰值电流新的中值分别为 45 kA(n=38)和 18 kA(n=71)，额外观测是需要的。在日本，随着样本数从 35 个增加到 120 个，峰值电流中值从 39 kA 变成 29 kA(见下文)。同样，在南非，随着样本数从 11 个增加到 29 个，峰值电流中值从 41 kA 变成 33 kA。

巴西测量的另一个特点，在 200 m 高的山顶上一座 60 m 高塔几乎不存在上行闪电(目前仅报道了 5 个；Visacro，个人通信，2012)。Zhou et al. (2010)估算塔的有效高度为 145 m。可以想象，一个不同类型闪电的不寻常比例(由特殊的气象和地形条件造成)可能导致对较高峰值电流的偏差。

日本。Takami et al. (2007)描述了直接观测于 60 座高度在 40～140 m(平均高度为 90 m)的传输线塔(顶部)的地闪回击电流。大部分塔架设在山脊处，海拔高度在 100～1500 m。利用 RC 外部积分电路的罗氏线圈，测量安装在塔顶 2.5 m 高的避雷针电流，并通过短屏蔽电缆连接到 10 位的存储卡上。每块存储卡通过一条光纤连接到位于塔底部的通信终端(远程终端能够读取数据)。观测系统的带宽在 10～1×10^6 Hz，电流记录的范围分别是±10 kA 和±300 kA。记录长度为 3.2 ms，采样间隔为 100 ns，触发阈值相对较高，为 9 kA。可以记录 40 个波形(J. Takami，个人通信，2012)。

1994—2004 年共采集了 120 个负极性首次回击的电流波形，这是目前采集到负极性首次回击的最大样本。峰值电流中值为 29 kA，这与 Berger et al. (1975)发表的观测结果类似。尽管在日本观测中的触发阈值(9 kA)高于瑞士，在补偿测量下限后(Rakov，1987)，日本观测的峰值电流中值由 29 kA 降至 26 kA。测量到的最大峰值电流为 130 kA。

有趣的是，源于日本研究的原始数据(记录于 1994—1997 年的 35 个负极性首次回击)，经计算得出峰值电流中值为 39 kA(Narita et al.，2000)。

奥地利。Diendorfer et al. (2009)分析了 2000—2007 年，始发于 100 m 高

的 Gaisberg 塔上行负闪击 457 个记录的参数特征。利用频段范围在 0～3.2 MHz 阻值为 0.25 mΩ 的电流敏感电阻(分流器),在塔顶安装的避雷针底部测量全部电流波形。通过光纤将分流器输出信号传输到安装在塔附近建筑物的数字记录器。采用了两个不同灵敏度的分离通道,其电流量程分别为±2 kA 和±40 kA。由安装在一台个人电脑上的 8 位数字板以 20 MHz 的采样率(50 ns采样间隔)记录信号。采集系统的触发阈值设置为±200 A、记录长度为 800 ms、预触发记录时长为 15 ms、截止频率为 250 kHz。在测定闪电峰值电流之前,记录电流使用了适当偏移校正的数字低通滤波器。

上行闪电仅包含那些类似下行自然闪电继后回击的回击,不包含下行梯级先导始发的首次回击。许多上行闪电根本没有回击,只有所谓的初始电流(见第 8 章)。在奥地利,回击峰值电流中值为 9.2 kA(n=615)。

触发闪电。法国、美国、中国和巴西都开展了针对火箭触发闪电的回击电流的直接观测。下面将讨论在佛罗里达开展的典型观测实验。

Schoene et al. (2009)统计分析了 46 个火箭触发闪电的 206 个回击的电流波形的显著特征。1999—2004 年在佛罗里达坎普布兰丁开展的各种与闪电和电力线相互作用的有关试验中,获取了触发闪电数据。利用安装在发射器底部的无感分流器测得闪电通道底部电流,不同的分流器安装在不同的发射器上。分流器的频率响应上限超过 5 MHz,输出信号通过光纤传输到不同的数字示波器。后者要么连续地记录 1 s 或 2 s(采样率为 1 MHz 或 2 MHz),要么以几毫秒的长时间间隔记录(采样率为 10～50 MHz)。对数据进行适当的低通滤波,以避免发生信号失真。峰值电流最小测量值为 2.8 kA,最大测量值为 42 kA。

通过火箭发射器的接地系统,回击电流被引导至两条电力线中的其中一条或靠近电力线的大地。经统计分析,回击峰值电流的几何平均值为 12 kA,这与其他触发闪电报道的结果一致(Schoene et al. ,2003)。而且还发现,不论是接闪器的几何形状还是人工接地的级别,对参数特征影响都不大,正如 Rakov et al. (1998)之前报道的一样。特别是峰值电流,流入架空电力线(闪电连接点的阻抗为 200 Ω)和通过一根短的引下线流入综合接地系统的情况是一样的。另一方面,10%～90%的电流上升时间的平均值,正如第 3.3 节所述,具有显著差异。Cooray et al. (2011)描述了大地电导率从无穷大减小到 10^{-3} S/m,峰值电流减小程度基本可以忽略。而大地电导率减小到 10^{-4} S/m 时,峰值电流大约减小 20%(相对于大地导电性极佳的情况)。关于峰值电流最大上升率与大地电导率的效应是非常显著的(见第 3.3 节)。

Fisher et al. (1993)对比了经典触发闪电与 Berger et al. (1975)和 Anderson et al. (1980)记录的自然闪电回击电流参数特征。对比结果说明,触发闪电的回击与自然闪电的继后回击类似,经典触发闪电没有梯级先导或首次回击序列。因此,Fisher et al. (1993) 描述的对比结论仅适用于那些由连续移动的直窜先导或直窜一梯级先导始发的继后回击。

表格数据汇总。单一(仅有直接测量)和综合不同观测手段,研究闪电首次回击和继后回击的峰值电流分布分别见表 3.3 和表 3.4。有一个现象,始发于高塔的上行闪电的回击峰值电流中值与下行闪电或火箭触发闪电相比稍低一些。这可能是由于低电荷密度的下行先导没有足够的能量发展到地面或是小的引雷体可能能够连接到一个高塔上。值得注意的是,在火箭触发闪电中,触发导线毁于初始击穿阶段,下行先导不得不一直传输到相对较小的火箭发射器。导致上行闪电中回击峰值电流减小的另一个原因,是由于低云电荷区的缘故,因为上行闪电经常发生于寒冷的季节(至少在奥地利和德国是如此)。

表 3.3　下行负地闪中首次回击的峰值电流(最大峰值,kA)对比

文献	位置	样本数	超过列表值的比例			$\sigma_{lg}I$	备注
			95%	50%	5%		
Berger et al. ,1975	瑞士	101	14	30(～30)	80	0.265	70 m 高塔直接观测
Anderson et al. ,1980	瑞士	80	14	31	69	0.21	70 m 高塔直接观测
Dellera et al. ,1985	意大利	42	—	33	—	0.25	40 m 高塔直接观测
Geldenhuys et al. ,1989	南非	29	7①	33(43)	162①	0.42	60 m 高塔直接观测
Takami et al. ,2007	日本	120	10	29②	85	0.28②	40～14 m 传输线塔直接观测
Vasacro et al. ,2012	巴西	38	21	45	94	0.20	60 m 桅杆上直接观测
Anderson et al. ,1980	瑞士(N=125),奥地利(N=18),捷克斯洛伐克(N=123),波兰(N=3),南非(N=11),瑞典(N=14)和美国(N=44)	338	9①	30(34)	101①	0.32	直接间接(磁力线圈)综合观测
CIGRE 63 号文件,1991	瑞士(N=125),奥地利(N=18),捷克斯洛伐克(N=123),波兰(N=3),南非(N=81),瑞典(N=14)和美国(N=44)	408	—	31(33)	—	0.21	和 Anderson et al. (1980)研究相同量的样本数,外加在南非观测的 70 个观测值

注:95%、50%和 5%比例对应的值是实际值的对数正态近似得来的,其中圆括号中的 50%比例下的值是基于实际值的。

$\sigma_{lg}I$ 是 kA 级峰值电流对数(10 为底)值的标准偏差;$\beta=2.3026\sigma_{lg}I$。

①详见 Takami et al. (2007)。

②补偿 9 kA 观测下限后分别为 26 kA 和 0.32。

表 3.4　负地闪中继后回击的峰值电流(最大峰值,kA)对比

文献	位置	样本数	超过列表值的比例			$\sigma_{\lg}I$	备注
			95%	50%	5%		
Berger et al. ,1975	瑞士	135	4.6	12	30	0.265	70 m 高塔直接观测
Anderson et al. ,1980	瑞士	114	4.9	12	29	0.23	70 m 高塔直接观测
Dellera et al. ,1985	意大利	33	—	18	—	0.22	40 m 高塔直接观测
Geldenhuys et al. ,1989	南非	?	—	7—8	—	—	60 m 高塔直接观测
Vasacro et al. ,2012	巴西	71	7.5	18	41	0.23	60 m 桅杆上直接观测
Diendorfer et al. ,2009	奥地利	615	3.5	9.2	21	0.25	100 m 高塔直接观测,上行闪电
Schoene et al. ,2009	佛罗里达	165	5.2	12	29	0.22	直接观测,火箭触发闪电

注:95%、50%和 5%比例对应的值是实际值的对数正态近似得来的。
$\sigma_{\lg}I$ 是 kA 级峰值电流对数(10 为底)值的标准偏差;$\beta=2.3026\sigma_{\lg}I$。上述数据包括了上行闪电和火箭触发闪电,因为那些回击类似于自然下行闪电的继后回击。

3.3　源于电流观测的其他参数

闪电参数,不同于闪电峰值电流可由直接电流观测推导出来。包括最大电流陡度、平均电流上升率、电流上升时间、电流持续时间、转移电荷、作用积分(比能量)和峰值电流。最完整可靠的其他参数的信息是基于 Berge 和其同事开展的直接电流观测。Berger et al. (1975)总结了 101 个下行负地闪和 26 个正地闪的闪电电流参数特征。这些类型的闪电包括平地和中等高度的建筑物上接闪的情况,在很大程度上作为雷电防护和雷电研究文献中一个主要的参考内容,并已转载在表 3.5 中。基于对不同情况统计的对数正态分布近似,表中给出了超过不同列表值的比例(95%,50%和 5%)。作用积分结果表明,如果雷电流经过一个 1 Ω 的电阻,能量将会消散。呈现在表 3.5 中的所有参数是由以 0.5 μs 为最短测量时间的电流示波器估算出来的(Berger et al. ,1984)。表 3.5 指出波头时间分布可能偏向更大的值,而最大电流陡度(dI/dt)的分布偏向更

小的值。Anderson et al. (1980)对 Berger et al. (1975)研究中的回击电流波形图进行了数字化，并确定了额外的波前参数。大多数电流波形参数在图 3.3 中给出。表 3.6 小结了电流(包括首次回击和继后回击)波形参数的对数正态分布特征(摘自 CIGRE 63 号文件(1991)和 IEEE 1410—2010 标准)。

表 3.5　负极性闪电的电流参数(Berger et al. ,1975)

参数	单位	样本数	超过列表值的比例		
			95%	50%	5%
峰值电流(最小值 2 kA)					
首次回击	kA	101	14	30	80
继后回击		135	4.6	12	30
电荷(总电荷)					
首次回击	C	93	1.1	5.2	24
继后回击		122	0.2	1.4	11
整个闪电过程		94	1.3	7.5	40
脉冲电荷(连续电流除外)					
首次回击	C	90	1.1	4.5	20
继后回击		117	0.22	0.95	4
波头时间(2 kA 至峰值)					
首次回击	μs	89	1.8	5.5	18
继后回击		118	0.22	1.1	4.5
dI/dt 最大值					
首次回击	kA/μs	92	5.5	12	32
继后回击		122	12	40	120
回击持续时间(2 kA 至波尾半幅值处)					
首次回击	μs	90	30	75	200
继后回击		115	6.5	32	140
比能量 $\int I^2 dt$					
首次回击	A^2s	91	6.0×10^3	5.5×10^4	5.5×10^5
继后回击		88	5.5×10^2	6.0×10^3	5.2×10^4
闪击间隔	ms	133	7	33	150
闪电持续时间					
全部闪电	ms	94	0.15	13	1100
单回击闪电除外		39	31	180	900

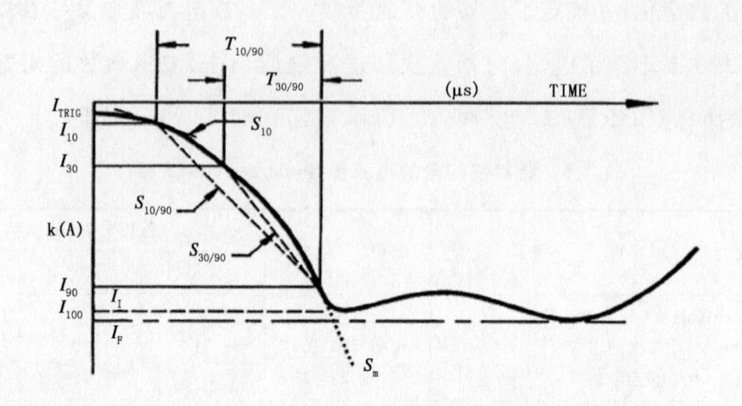

图中的参数	描述
I_{10}	回击电流第一峰值的10%
I_{30}	回击电流第一峰值的30%
I_{90}	回击电流第一峰值的90%
$I_{100}=I_1$	回击电流第一峰值
I_F	回击电流最后(总体的)一个峰值
$T_{10/90}$	波前 I_{10} 与 I_{90} 之间的时间间隔
$T_{30/90}$	波前 I_{30} 与 I_{90} 之间的时间间隔
S_{10}	I_{10} 处的瞬时电流上升率
$S_{10/90}$	I_{10} 与 I_{90} 之间的平均陡度
$S_{30/90}$	I_{30} 与 I_{90} 之间的平均陡度
S_m	波前电流上升率的最大值,一般在 I_{90} 处
$t_{d10/90}$	由 $I_F/S_{10/90}$ 推导的等效线性波前持续时间
$t_{d30/90}$	由 $I_F/S_{30/90}$ 推导的等效线性波前持续时间
t_m	由 I_F/S_m 推导的等效线性波前持续时间
Q_I	脉冲电荷量(电流的时间积分)

图 3.3　闪电电流波形参数描述(波形是对应于典型负极性首次回击。CIGRE 63 号文件,1991;IEEE 1410—2010 标准)

表 3.6　CIGRE 63 号文件(1991)和 IEEE 1410—2010 标准介绍的闪电电流参数(基于 Berger et al. 的数据)

负极性下行闪电的对数正态分布参数				
参数	首次回击		继后回击	
	M,中值	β,对数标准偏差(e 为底)	M,中值	β,对数标准偏差(e 为底)
波头时间(μs)				
$t_{d10/90}=T_{10/90}/0.8$	5.63	0.576	0.75	0.921
$t_{d30/90}=T_{30/90}/0.6$	3.83	0.553	0.67	1.013
$t_m=I_F/S_m$	1.28	0.611	0.308	0.708
陡度(kA/μs)				
S_m,最大值	24.3	0.599	39.9	0.852
S_{10},10%处	2.6	0.921	18.9	1.404
$S_{10/90}$,10%～90%	5.0	0.645	15.4	0.944
$S_{30/90}$,30%～90%	7.2	0.622	20.1	0.967
峰值(波峰)电流(kA)				
I_I,首个峰值	27.7	0.461	11.8	0.530
I_F,最后的峰值	31.1	0.484	12.3	0.530
比例,I_I/I_F	0.9	0.230	0.9	0.207
其他相关参数				
波尾至半幅值间隔 t_h(μs)	77.5	0.577	30.2	0.933
每个闪电的回击次数	1	0	2.4	0.96,基于中值 $N_{total}=3.4$
回击电荷,Q_I(库仑)	4.65	0.882	0.938	0.882
$\int I^2 dt$((kA)^{2}s)	0.057	1.373	0.0055	1.366
回击间隔(ms)	—	—	35	1.066

对于 $T_{10/90}$，中值和对数(e 为底)标准差分别为 4.5 μs 和 0.576，而 $T_{30/90}$ 分别为 2.3 μs 和 0.533。

对应的值由 Anderson et al.(1980)利用 Berger et al.(1975)的示波器波形图，估算继后回击的 10%～90%上升时间的中值为 0.6 μs，人工触发闪电的中值为 0.3～0.6 μs(Leteinturier et al.,1991；Fisher et al.,1993)，Anderson et al.(1980)公布的自然继后回击的 10%～90%电流上升率中值为 15 kA/μs，这几乎是 Leteinturier et al.(1991)得出的 44 kA/μs 上升率的三分之一，并且低于 Fisher et al.(1993)等计算的 34 kA/μs 的一半。上升率的最大值411 kA/μs(见图 3.4)是 Leteinturier et al.(1991)利用一个接地于海水中的发射塔上人工触发闪电实验观测得来。相应的电流直接测量值大于 60 kA，最大值记录于夏季触发闪电观测，Leteinturier et al.(1991)记录的峰值电流导数的平均值为

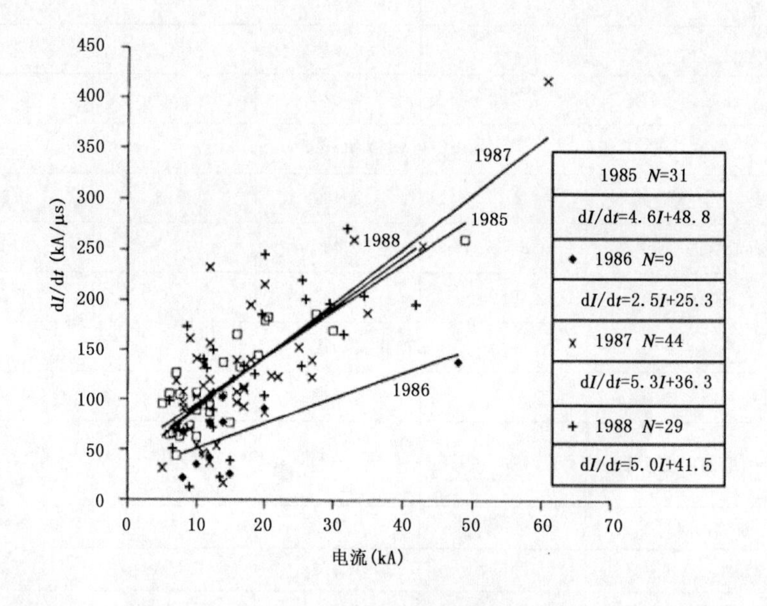

图 3.4 人工触发闪电峰值电流上升率的实验(Leteinturier et al.,1991)

1985 年、1987 年、1988 年佛罗里达肯尼迪航天中心(KSC)和 1986 年法国开展的人工触发闪电实验中闪电峰值电流与峰值电流上升率的关系，图中给出了每一年的回归线、样本数和回归方程。

110 kA/μs。人工触发闪电回击电流上升率高于自然闪电回击的观测值，这可能与使用了更为先进的设备有关（更好的频率响应上限的数字示波器）。

表 3.5 记录了回击峰值电流中值，其首次回击的峰值是继后回击的 2～3 倍。而且，负极性首次回击转移了大约 4 倍于负极性继后回击的总电荷量。另一方面，继后回击具有 3～4 倍高于首次回击的最大陡度（电流最大上升率）的特点。

人工触发闪电的负极性回击的电流波形参数罗列在表 3.7 中。

Schoene et al.（2009）描述了 46 次火箭触发闪电的 206 次回击电流波形的统计分析结果，发现引雷至电力线和地面的回击电流 10%～90%上升时间（几何平均值分别为 1.2 μs 和 0.4 μs）存在显著差异。这表明雷击物体的电特性影响着上升时间。这种影响可能与落雷点的阻抗或者雷击物体内阻抗不匹配的反射行为有关，阻抗影响越大，上升时间越长。但没有观测到雷击物体的电特性与回击电流的半峰值宽度之间的这种联系。Cooray et al.（2011）从理论上分析得出峰值电流的上升率受地面导电性的影响。地面导电性从无穷大降至 10^{-3} S/m，上升率减少 40%，而当导电性降至 10^{-4} S/m 时则减少 83%。

表 3.7 火箭触发闪电的负极性回击的电流波形特征

实验点	样本数	最小值	最大值	算术平均值	标准偏差	几何平均值	标准偏差(lg(x))	文献
峰值电流(kA)								
坎普布兰丁,佛罗里达,1999—2004	165	2.8	42.3	13.9	6.9	12.2	0.22	Schoene et al.,2009
坎普布兰丁,佛罗里达,1998	25	5.9	33.2	14.8	7.0	13.5	0.19	Uman et al.,2000
坎普布兰丁,佛罗里达,1997	11	5.3	22.6	12.8	5.6	11.7	0.20	Crawford et al.,1998
坎普布兰丁,佛罗里达,1993	37	5.3	44.4	15.1	—	13.3	0.23	Rakov et al.,1998
肯尼迪航天中心,佛罗里达,1990;阿拉巴马,1991	45	—	—	—	—	12.0	0.28	Fisher et al.,1993
法国,圣普里瓦,阿列尔,1986, 1990—1991	54	4.5	49.9	11.0	5.6	—	—	Depasse,1994
肯尼迪航天中心,佛罗里达,1985—1991	305	2.5	60.0	14.3	9.0	—	—	Depasse,1994
山东,中国,2005—2010	36	4.4	41.6	14.3	9.2	12.1	0.23	Qie et al.,2012
10%～90%电流上升时间(μs)								
坎普布兰丁,佛罗里达,1999—2004	81	0.2	5.7	1.2	0.8	0.9	0.32	Schoene et al.,2009
法国,圣普里瓦,阿列尔,1990;阿拉巴马,1991	43	—	2.9	—	—	0.37	0.29	Fisher et al.,1993
法国,圣普里瓦,阿列尔,1990—1991	37	0.25	4.9	1.14	1.1	—	—	Depasse,1994
坎普布兰丁,佛罗里达,1997	11	0.3	4.0	0.9	1.2	0.6	0.39	Crawford,1998
山东,中国,2005—2010	36	0.2	8.4	2.0	2.1	1.9	0.47	Qie et al.,2012
电流半峰值宽度(μs)								
坎普布兰丁,佛罗里达,1999—2004	142	4	93	23	17	19	0.30	Schoene,2009
肯尼迪航天中心,佛罗里达,1990;阿拉巴马,1991	24	14.7	103.2	49.8	22.4	—	—	Fisher et al.,1993
法国,圣普里瓦,阿列尔,1990—1991	41	—	—	—	—	18	0.30	Depasse,1994
坎普布兰丁,佛罗里达,1997	11	6.5	100	35.7	24.6	29.4	0.29	Crawford,1998
山东,中国,2005—2010	36	1	68	23.7	17.1	14.8	0.52	Qie et al.,2012
1 ms 内回击电荷转移量(C)								
坎普布兰丁,佛罗里达,1999—2004	151	0.3	8.3	1.4	1.4	1.0	0.35	Schoene et al.,2009
山东,中国,2005—2010	36	0.18	4.2	1.1	0.76	0.86	0.31	Qie et al.,2012

3.4　参数间的关联性

表 3.8 总结了图 3.3 中定义的电流波形参数的相关系数。

表 3.8　图 3.3 中定义的电流波形参数相关系数(Anderson et al. ,1980)

	$T_{10/90}$	$T_{30/90}$	S_{10}	$S_{10/90}$	$S_{30/90}$	S_m
I_I(首次回击)	0.40	0.47	(0.12)	0.30	(0.19)	0.43
I_F(首次回击)	0.33	0.45	(0.06)	(0.20)	(0.17)	0.38
I_F(继后回击)	(0.15)	(0.00)	(0.05)	0.31	0.23	0.56

注:括号里的值不具备 5%水平下的统计学意义。

如上所述,由于 Berger et al. 使用的仪器的限制,Anderson et al. (1980)根据 Berger et al. (1975)的示波器波形图估算的电流上升率参数可能大幅偏低。因此,附于表 3.8 后三列的值没有太大意义。

Anderson et al. (1980)给出了自然闪电峰值电流、S_m 和 $S_{30/90}$(I 单位为 kA,S 单位为 kA/μs)的如下关系:

首次回击:　$S_m = 3.9I^{0.55}$　　$S_{30/90} = 3.2I^{0.25}$　　(3.7)

继后回击:　$S_m = 3.8I^{0.93}$　　$S_{30/90} = 6.9I^{4.2}$　　(3.8)

图 3.4 解释了触发闪电峰值电流和电流上升率峰值的正相关特性。同样研究触发闪电,Fisher et al. (1993)在 10%~90%平均陡度($S_{10/90}$)和峰值电流间,以及 30%~90%平均陡度 ($S_{30/90}$)和峰值电流间各找出了一个相对更强的正相关,相关系数分别为 0.71 和 0.74。峰值电流和 10%~90%上升时间之间基本上不存在线性相关。Yang et al. (2010)也曾发表了关于触发闪电的类似结论,峰值电流和半峰值电流宽度间也不存在。除了自然闪电的首次回击,类似的还有,Takami et al. (2007)研究指出,电流陡度特征和峰值电流间存在非常强的正相关,而峰值电流和预触发时间存在弱的正关联。Visacro et al. (2004)指出首次回击具备与之相反的趋势。后者特殊性的原因暂不清楚。

根据 Berger et al. (1975)关于负极性首次和继后回击，峰值电流和回击持续时间(电流波形前沿 2 kA 对应点与峰值电流降至一半时对应点之间的间隔时间)的相关系数分别为 0.56 和 0.25。应该考虑两个值都较低，因为即便在前个案例中，确定系数(相关系数的平方)低至 0.31，意味着某一个参数的变化只有 31%是由于另一个参数的变化，而 69%是由于其他(未知的)因素的变化。

所有发表的关于自然闪电回击峰值电流 I 和转移电荷 Q(这里我们仅考虑所谓的脉冲转移电荷)之间关系的实验数据是来源于 Berge 的数据。Berger 和同事们(例如，Berger，1972；Berger et al. ，1975；Berger et al. ，1984)还有 Cooray et al. (2007)分析了闪电击于瑞士的两个仪表塔和意大利的两个仪表塔的情况。根据 Cooray et al. (2007)的研究，对于自然负极性闪电首次回击，有一个 100 μs 内的转移电荷线性回归关系 $Q=0.061I(R^2=0.88)$，而对于继后回击，50 μs 内转移电荷与电流存在线性回归关系 $Q=0.028I$(R^2 值没有叙述)。在上述等式中，转移电荷量 Q 单位为库仑，峰值电流 I 单位为千安培。另外，Schoene et al. (2009)指出人工触发闪电(如上所述类似于自然闪电的继后回击)回击过程中的回击峰值电流与 1 ms 内转移电荷量的散点图，非常类似于 Berger(1972)研究的 1 ms 自然闪电首次回击的情况。Schoene et al. (2009)利用 143 个触发闪电回击资料得出了电荷与电流的回归等式 $I=12.3Q^{0.54}(R^2=0.76)$；而 Berger 的 89 个自然闪电首次回击中，电荷与电流的回归等式为 $I=10.6Q^{0.7}(R^2=0.59)$；Qie et al. (2007)利用在中国取得的 10 个触发闪电回击的资料也得出了电荷和电流的回归等式 $I=18.5Q^{0.65}$。

Schoene et al. (2010)通过 1999—2004 年在佛罗里达坎普布兰丁的实验取得了 31 个火箭－导线触发闪电的 117 个回击资料，用于比较闪电回击峰值电流与相对应的回击之后 1 ms 时间间隔内的转移电荷量。研究发现回击峰值电流与相应的转移电荷量的确定系数(R^2)随着回击开始时刻的转移电荷持续时间的增加而减小。例如，回击开始后 50 μs 转移电荷持续时间对应的 $R^2=0.91$，而 400 μs 对应的 $R^2=0.83$，1 ms 对应的 $R^2=0.77$。他们的结论支持了如下观点：

(1)存在于先导通道较低位置的电荷量决定着峰值电流的大小。

(2)转移电荷随时间推进，与峰值电流和通道较低位置的电荷的关联性越来越弱。

另外，他们发现佛罗里达触发闪电的回击峰值电流与 50 μs 转移电荷量的关系很大程度上与瑞士获得的自然闪电的继后回击的关系类似，这进一步证实了人工触发闪电的回击非常类似于自然闪电的继后回击这一观点。

3.5　磁场观测推导峰值电流

从观测的电场或磁场数据估算闪电峰值电流，要求建立一个场－电流转换程序。美国国家雷电探测网(NLDN)建立了这样一个程序。NLDN 运用一个基于触发闪电数据的经验公式，通过磁场峰值估算回击峰值电流和利用多个传感器监测落雷点距离。转换程序包含了由于传输造成场衰减的补偿值(Cummins et al.，2009)。

Rakov et al. (1992)建议用下列经验公式(EF)(线性回归等式)结合初始电场峰值 E 和与闪电通道的距离 r 估算负地闪回击峰值电流：

$$I_{EF} = 1.5 - 0.037rE \tag{3.9}$$

上式中 I_{EF} 单位是 kA，取负值，E 是正值，单位为 V/m，r 单位为 km。(3.9)式是由 Willett et al. (1989)在佛罗里达肯尼迪航天中心(KSC)获取的 28 个触发闪电回击数据推导出来的。场观测范围 5 km，其初始峰值被认为是纯辐射。电流直接测于闪电通道底部。基于传输线(TL)模式，利用辐射－场－电流转换等式也能估算出闪电峰值电流，如下式：

$$I_{TL} = \frac{2\pi\varepsilon_0 c^2 r}{v}E \tag{3.10}$$

这里 ε_0 是真空介电常数，c 是光速，而 v 是回击速度(假定为常数)。回击速度一般是未知的，而其变化范围为光速的三分之一到二分之一之间(Rakov, 2007)(第5章也有介绍)。(3.10)式中的 I_{TL} 和 E 是绝对值。

Mallick et al.(2013b)运用上述三种方法，对比了2008—2010年在佛罗里达坎普布兰丁(CB)，利用火箭－导线技术开展的人工触发闪电实验获取的24个闪电过程中91个负回击直接观测的电流峰值。基于肯尼迪航天中心(KSC)的数据，经验公式估算的峰值电流趋于偏高。然而，NLDN公布的峰值电流偏低。基于传输线模式的场—电流转换方程给出了回击速度处于c/2～2c/3(分别为 1.5×10^8 m/s和 2×10^8 m/s)，其估算的电流峰值很接近。讨论了导致由经验公式推导的峰值电流和直接观测的峰值电流存在差异的因素，包括：场校正因素误差，在CB和KSC不同的典型回击速度值和有限的样本数。基于在CB获取的91个触发闪电回击数据，推导了一个新的经验公式：$I=-0.74-0.028rE$。应该注意的是，用于推导经验公式的电场位于距离闪电通道45 km处。

图3.5是NLDN公布的峰值电流与火箭触发闪电负回击的电流直接观测值的对比。在这两个研究中，电流中值绝对估算误差为20%和13%。如上所述，触发闪电的回击类似于自然闪电的继后回击。并且这些结论仅适应于继后回击。遗憾的是，没有类似的峰值电流误差估算能用于负极性首次回击或正极性回击。对比佛罗里达肯尼迪航天中心架设的一个发射台(LC39B)上的闪电防护系统的9条引下线上直接测量电流得出峰值电流初步结论，发现其结果和NLDN发布的峰值电流一样，且NLDN负极性首次回击电流估算误差不超过40%(Mata et al.,2012a,2012b)。LC39B闪电防护系统包含三个183 m的高塔，间隔189 m、270 m和276 m，其支撑着一套离塔群200 m左右的9点接地的悬拉线系统。系统总体水平范围为几百米。迄今为止在此系统上观测的所有闪电放电都是下行负闪电。

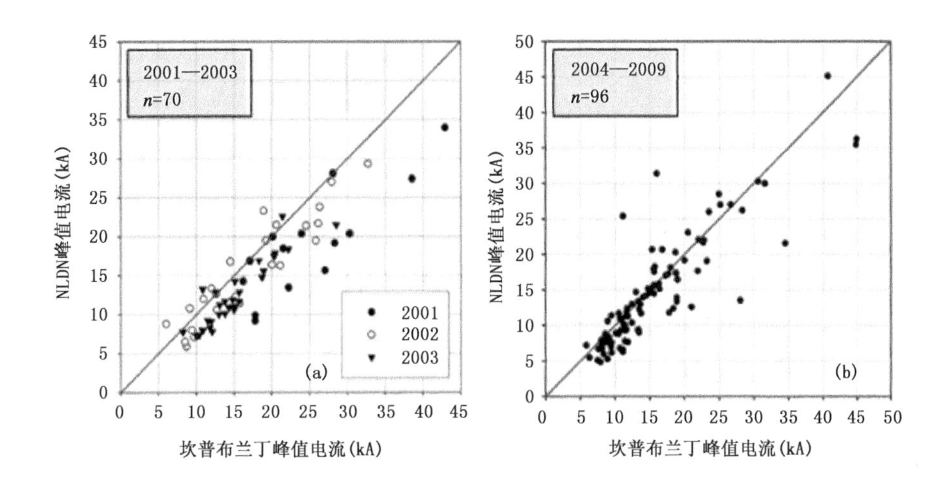

图 3.5　NLDN 报道的峰值电流与那些直接观测于佛罗里达坎普布兰丁两个时间段的峰值电流，2001—2003 年(a)和 2004—2009 年(b)(Nag et al.，2011)

2001—2003 年，采用的是一个幂律法则传输模式，而对大多数 2004—2009 年的数据而言，采用了一个指数传输模式。斜线(对角线)表示当上述两者电流一致时的理想情况。

图 3.6 展示了类似的散点图：欧洲雷电探测网(EUCLID)记录的峰值电流与在奥地利 Gaisberg 塔直接观测的电流对比。展示的数据是上行闪电(见第 8 章)的回击，这与下行闪电的继后回击类似。

很有可能的是，闪电定位系统获取的首次回击峰值电流的估算值在很大程度上比继后回击的更低。假设，(1)辐射场峰值大致与电流和回击速度成比例；(2)场—电流转换方程适应一个典型继后回击速度。可以推测出，这个方程将产生较低的首次回击电流，因为首次回击平均速度 9.7×10^7 m/s($n=17$)低于速度为 1.2×10^8 m/s($n=46$)的继后回击(Idone et al.，1982)(也可参见第 5 章)。

除了 NLDN 型(如 EUCLID、JLDN 和日本区域系统)外，其他闪电定位系统也能利用电场测量来推算闪电峰值电流，包括 LINET(多数在欧洲)、USPLN(美国，其他国家也有相似的系统)、WTLN(美国和其他国家)、WWLLN(全球)和 GLD360(全球)。后面几个系统的峰值电流估算误差目前还不明确，尽管 WTLN(基于火箭触发闪电数据)的校准正在进行(Mallick et al.，2013a)。

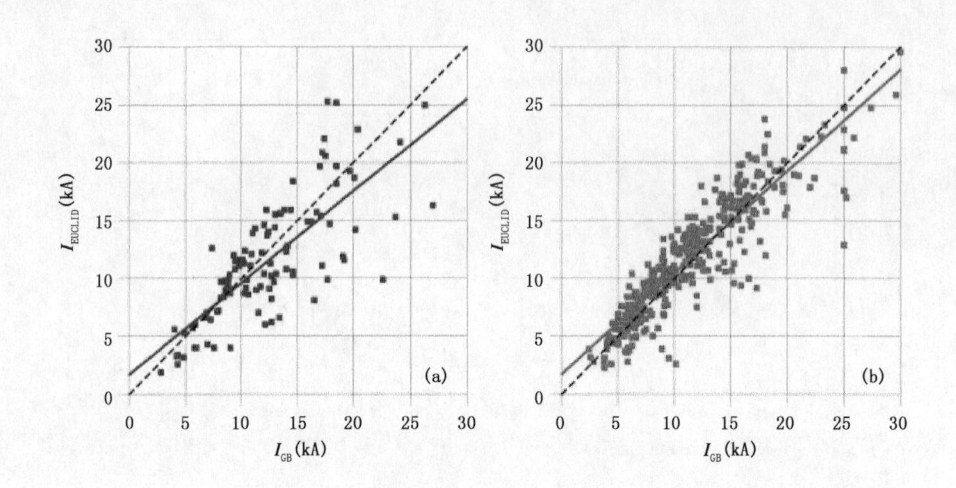

图 3.6 EUCLID 记录的峰值电流(I_{EUCLID})与奥地利 Gaisberg 塔(I_{GB})上直接测量的对比(Diendorfer et al.,2008)

(a)0.23 场—电流转换因子,无传播模型($n=385$);(b)0.185 场—电流转换因子,指数传播模型($n=106$)

虚线(对角线)代表当 EUCLID 记录的和直接观测的峰值电流相等时的理想情况。斜的实线是线性回归线(数据最小二乘拟合)。

3.6 通道底部电流方程

常用包括假定通道底部的闪电电流波形的数值模式,来评估闪电电流流入的直接作用和临近闪电的感应作用。大量等式用于模拟这样的波形。通道底部的典型继后回击电流波形常用 Heidler 函数(Heidler,1985a,1985b)来模拟:

$$I(0,t)=\frac{I_0\,(t/\tau_1)^n}{\eta\,(t/\tau_1)^n+1}\mathrm{e}^{-t/\tau_2} \tag{3.11}$$

式中 I_0、η、τ_1、n、τ_2 都是常量。这个等式允许通过分别单独改变 I_0、τ_1、τ_2 的值来改变峰值电流、最大电流陡度和相关的电场转移电荷量。(3.11)式再现了一个典型电流波形的观测曲线底部的上升部分,相对于由 Bruce et al.(1941)和 Stekolnikov(1941)单独引入的一个更常用的双指数函数,其特点是一个不合实际的凸的波前沿伴随在 $t=0$ 时的最大电流陡度。Rakov et al.(1987)

运用了一个能够重现一个凹的、凸的或线性波前沿的电流等式。有时会运用不同参数的两个 Heidler 函数的和来模拟预期的电流波形。例如，Diendorfer et al. (1990)，描述了通道底部由(3.11)式给出方程的两个和模拟继后回击电流波形，第一个方程中 $I_0=13$ kA，$\eta=0.73$，$\tau_1=0.15$ μs，$n=2$ 和 $\tau_2=3.0$ μs；第二个方程中 $I_0=7$ kA，$\eta=0.64$，$\tau_1=5$ μs，$n=2$ 和 $\tau_2=50$ μs。合成的电流峰值为 14 kA，并且最大电流上升率为 75 kA/μs。Nucci et al. (1990)，Rakov et al. (1991)，Thottappillil et al. (1997)和 Moini et al. (2000)利用 Heidler 方程和一个双指数函数方程模拟了可以用来计算闪电回击电磁场的通道底部电流波形。对于这后一种波形，峰值电流为 11 kA，最大电流上升率为 105 kA/μs。Diendorfer et al. (1990)也按两个 Heidler 方程综合的方式描述了首次回击电流波形(30 kA，80 kA/μs)。De Conti et al. (2007)采用 Heidler 方程来模拟负极性首次和继后回击电流中值，其中电流数据来源于瑞士圣萨尔瓦多山和巴西 Cachimbo 塔上的观测。Gamerota et al. (2012)扩充了负极性回击电流波形特征包括连续电流的研究和其他类似研究(Heidler et al.，2002；Andreotti et al.，2005；Silveira et al.，2010；Javor et al.，2011)，以及关于正闪和负闪、中值(典型的)和其他情况的全闪转移电荷和作用积分(比能量)。

3.7　小结

从直接电流观测中可知，在瑞士、意大利、南非和日本监测的负极性首次回击的峰值电流中值大约为 30 kA，而在瑞士获得的继后回击和上行(目标物始发)闪电，其值一般为 10～15 kA。在巴西观测的值分别为 45 kA 和 18 kA。增加额外的观测是必需的。当前记载在 CIGRE 和 IEEE(见图 3.2)的负极性首次回击的“全球”闪电峰值电流分布，每个都是基于直接电流观测和不太精确的间接观测的混合，其中一些存在数据质量问题。然而，“全球”分布模式已广泛用于雷电防护研究，并且与直接观测的没有太大区别(在 CIGRE 分布模型中，

20%的电流可达到 40 kA,40%的电流可达到 90 kA),所以继续使用代表负极性首次回击的“全球”分布模式是得到认可的。关于负极性继后回击,应该使用图 3.1 中的分布 4(中值为 12 kA,$\sigma_{\lg} I=0.265$)。关于正极性首次回击,推荐使用图 3.1 中的分布 2(中值为 35 kA,$\sigma_{\lg} I=0.544$),尽管数据非常有限,而且可能会受到安装在山顶的引雷体的影响。在安装了设备的塔上,应该继续开展直接电流观测试验。在奥地利、巴西、加拿大、德国和瑞士的塔上,直接电流观测试验一直在进行,尽管绝大多数观测到的闪电是上行闪电(巴西除外)。

尽管由于 Berger et al. 使用仪器的局限性导致 Anderson et al.(1980)根据 Berger 的示波器波形图估算的电流上升率可能被大大低估了,但推荐使用的闪电电流波形参数仍是基于 Berger et al.(1975)的数据(见表 3.6)。关于触发闪电电流上升时间的数据(表 3.7),能应用于自然闪电中的继后回击。在闪电峰值电流和脉冲电荷转移之间,以及电流上升率和峰值电流之间观测到了相对强的相关性,而在电流峰值和上升时间之间相关性较弱或不存在相关性。

美国国家雷电探测网(NLDN)和其他类似的闪电定位系统,采用的场—电流转换方程,正在进行针对负极性继后回击的校准工作,其中值绝对误差在 10%～20%。目前还不清楚负极性首次回击和正极性闪电的峰值电流估算误差。对比分析在佛罗里达肯尼迪航天中心发射台(LC39B)的 9 根引下线(地平面)上直接观测的峰值电流与 NLDN 记录的峰值电流,得到了初步的校准结果:NLDN 所做的关于负极性首次回击峰值电流的估算误差不超过 40%。除了 NLDN 型(如 EUCLID、JLDN 和日本区域性系统)外,其他闪电定位系统也能利用电场测量来推算闪电峰值电流,包括 LINET(多数在欧洲)、USPLN(美国,其他国家也有相似的系统)、WTLN(美国和其他国家)、WWLLN(全球)和 GLD360(全球)。后面几个系统的峰值电流估算误差目前还不明确,除了 WTLN 负极性继后回击的中值绝对误差大约为 50%。

第 4 章　连续电流

本章描述的大多数连续电流(CC)特征来自 2003—2012 年自然地闪的高速摄像观测。这些特征在更早是通过摄像方法和宽带电场测量仪得到的研究结果(Rakov et al. ,2003)。

利用高速摄像估测连续电流的发生及其持续时间,是基于闪电通道电流流过时发光的假设。事实上,Diendorfer et al. (2003)发现,在 Gaisberg 高塔上发生的上行闪电(见第 8 章)的初始连续电流(ICC)在 10～250 A 范围内,其亮度与电流之间有很强的线性相关(相关系数 $R^2=0.96$)。基于地闪连续电流的值一般处于这个范围(10～250 A)的事实,通常假定闪电通道亮度的变化与流过通道的电流的变化成比例。

高速摄像能估测持续时间短至几毫秒的连续电流过程。但是,连续电流的持续时间估测值,在远距离观测和有雨滴存在的情况下可能会偏低(Saba et al. ,2006a)。为了最小化测量偏差,本章仅研究距离小于 50 km 的闪电。本章提供的闪电数据都有清晰的闪电通道,能够识别连续电流的存在。连续电流的幅值和转移电荷量由电场测量资料估算得到。

4.1　连续电流的特征

连续电流持续几毫秒至几百毫秒,可分为长(持续时间超过 40 ms,Brook et al. ,1962; Kitagawa et al. ,1962)、短(10～40 ms,Shindo et al. ,1989)和极短(3～10 ms, Ballarotti et al. ,2005)三种。为了避免可能是回击脉冲尾部的干

扰，观测到的地闪通道亮度持续少于 3 ms 并不被认为是连续电流事件。

长连续电流（持续时间大于 40 ms）是雷电热效应引起大多数严重灾害的罪魁祸首，如架空电源线的地线和光纤地线（OPGW）的燃烧、森林火灾、用于保护变压器的保险丝熔断以及飞机金属表面的熔洞等（Fisher et al.，1977；Rakov et al.，1990a；Chisholm et al.，2001）。

Rakov et al.（1990a）给出了利用不同仪器，在不同地点观测负闪电长连续电流特征的研究结果。通常，闪电至少含有一个长连续电流的百分比为 20%～50%。

Saraiva et al.（2010）利用同样的仪器（高速摄像）在巴西圣保罗和美国亚利桑那州两个不同的地点，观测到相似的，至少包含一个长连续电流的负闪电的百分比：圣保罗为 34%，亚利桑那为 27%。然而，不同的雷暴之间存在很大的差异。因为存在很大的差异，应用同样的技术分析多个雷暴，将得到更可靠的负闪电长连续电流的特征。

Medeiros et al.（2012）在巴西利用高速摄像记录的资料，进行了一项对 124 个不同雷暴的负地闪特征的研究。4495 个负回击中，有 2459 个（55%）跟随有连续电流过程（极短、短或者长连续电流），971 个负闪电中，有 759 个（78%）至少含有一个跟随着连续电流的回击；至少含有一个长连续电流的回击的百分比是 27%。

在负地闪中，首次回击之后出现长连续电流过程（持续时间超过 40 ms）的现象非常少见。Ballarotti et al.（2012）观测到在多回击闪电中，只有 2.4%（19/809）的首次回击含有长连续电流过程。这个百分率与 Rakov et al.（1990a）利用宽带电场仪和 TV 测量得到的 2%非常一致。但是，在 Medeiros et al.（2012）的研究中，单回击闪电中长连续电流出现的比例占 162 个闪电的 14%。

连续电流在正闪电中很普遍。Beasly（1985）在他的正地闪的观测研究中指出，在过去的一些研究中（Rust et al.，1981；Fuquay et al.，1982；Beasley et al.，

1983)有大的电场变化,可解释为正地闪的连续电流过程。实际上,对正地闪的高速摄像观测(Schumann et al. ,2012)表明,171 个正回击中 166 个(97%)含有连续电流过程(极短、短和长连续电流)。至少含有一个长连续电流的闪电的百分比为 68%(100/148)。并且,在不同的地理位置观测到比较高的百分比:巴西东南 85%(40/47),巴西南部 72%(23/32),南达科 67%(10/15),奥地利维也纳 52%(23/44)。

表 4.1 小结了基于高速摄像的正、负回击和闪电中连续电流发生的百分比。可见,正闪电或回击含有连续电流的百分比高于负闪电、负回击。正闪电和正回击的百分比非常接近,因为大部分的正闪电(81%)只含有一个回击(Saba et al. ,2010)。

表 4.1　正、负回击和闪电的连续电流特征总结

极性	数量	含有连续电流(持续时间≥3 ms)的百分比	含有长连续电流(持续时间>40 ms)的百分比
负闪电	971	78%(759)	27%(259)
负回击	4495	55%(2459)	7%(328)
正闪电	148	97%(144)	68%(100)
正回击	171	97%(166)	62%(106)

注:括号中数值为样本大小。

4.2　连续电流持续时间的分布

正、负闪电连续电流过程的持续时间累积概率分布如图 4.1 所示。可见,超过任一给定连续电流持续时间的概率,正地闪要高于负地闪。表 4.2 是所有连续电流(≥ 3 ms)以及正、负地闪的长连续电流(>40 ms)的 5%、50%和 95%累积概率值。表中还展示了 Kitagawa et al. (1962) 观测到的负地闪的长连续电流值。尽管当考虑所有连续电流的持续时间时,表 4.2 中正、负连续电流的 5%、

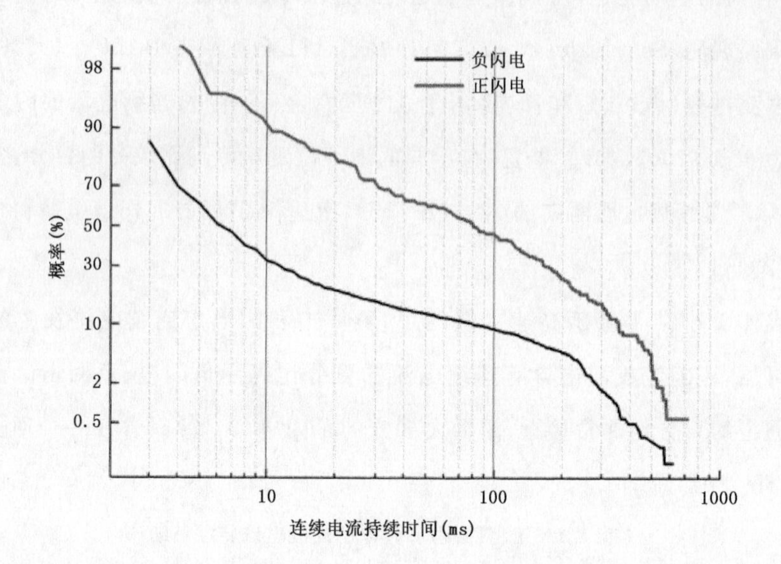

图 4.1　正、负回击中大于或等于 3 ms 的连续电流持续时间累积概率分布

表 4.2　正、负地闪的连续电流持续时间汇总

连续电流持续时间(ms)		地点	雷暴数目	闪电数目	算术平均值	超过列表值的百分比①		
						95%	50%	5%
负地闪	所有连续电流(≥3 ms)(Ballarotti et al.,2012)	巴西圣保罗	1022	2180	31	2②	6	204
	长连续电流(>40 ms)(Ballarotti et al.,2012)	巴西圣保罗	102	304	173	45	145	366
	长连续电流(>40 ms)(Kitagawa et al.,1962)	美国新墨西哥州	1	40	206	48	188	435
正地闪	所有连续电流(≥3 ms)(Schumann et al.,2012)	巴西/澳大利亚/美国	46	166	142	7	81	484
	长连续电流(>40 ms)(Schumann et al.,2012)	巴西/澳大利亚/美国	46	106	212	55	165	519

①基于累积概率分布曲线值。

②推算值。

50%和 95%的累积概率值有很大的不同。但是,如果只考虑长连续电流的持续时间,这些值是相似的。

文献报道的负闪电连续电流的持续时间最大值是 714 ms(Ballarotti et al.,2012)。它们只观测到 6 个超过 500 ms 的连续电流过程个例,是 2188 个连续电流的 0.28%,或者是 883 次闪电的 0.68%。但是,正地闪中连续电流过程持续时间大于 500 ms 的概率比负闪电高得多,为 148 个连续电流过程的 6%(Schumann et al.,2012)。

4.3　连续电流前、后回击峰值电流

本节小结关于地闪峰值电流和连续电流持续时间之间的关系的研究结果(Saba et al.,2006b;Saraiva et al.,2010)。通过比较含有连续电流和没有连续电流回击的电场峰值和电荷量开展了类似的研究(例如,Brook et al.,1962;Livingston et al.,1978; Shindo et al.,1989;Rakov et al.,1990a),得到了基本相似的发现,但数据样本更小。图 4.2 是闪电定位系统(LLS)估计的负回击峰值电流和回击之后的连续电流的持续时间的散点图。该散点图展示了 Saba et al.(2006b)讨论的所谓负回击的"拒绝区域"。即峰值电流大于 20 kA 的负回击从来没有超过 40 ms 的连续电流,然而,峰值电流小于 20 kA 的负回击可以跟随有各种持续时间的连续电流。

为便于比较,图 4.2 也给出了 141 个正回击的信息。可见,正回击既能具有高峰值电流(>20 kA),同时又能有长连续电流(>40 ms),这个特征在任何负回击中都没有。由图 4.2 的右上角可见,跟随有最长(800 ms)连续电流的正回击的峰值电流高达 142 kA。

长连续电流起始的模式由 Rakov et al.(1990a)首次提出。根据他们的建议,这个模式具有以下特征:

(1)含有长连续电流的回击比常规的回击倾向于具有更小的初始电场峰

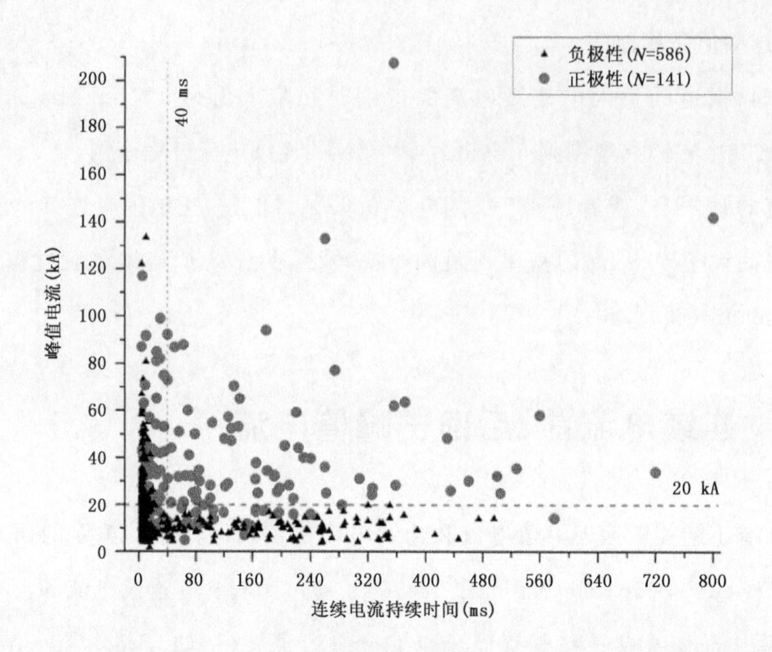

图 4.2　586 个负回击和 141 个正回击的峰值电流(I_P)和连续电流持续时间的对比图

值，常规的回击被定义为既没有长连续电流又不在具有长连续电流的回击之前和之后的回击。

(2)在含有长连续电流的回击之前的回击比常规回击更可能具有相对更大的电场峰值。

(3)含有长连续电流的回击通常其前面的回击时间间隔相对要小。该长连续电流的模式，也适用于具有新闪电通道的回击(Ferro et al.，2009)。

4.4　连续电流的波形和 M 分量

尽管在雷电防护标准中，连续电流通常被假定为一个电流常数(例如 IEC 62305，2010)，但是连续电流强度随时间在显著变化。这些电流变化是 M 分量(叠加在背景平稳电流上，近似对称的持续时间相对短的电流脉冲)或者是整个连续电流波形长时间的变化(见图 4.3)。两者首次被 Fisher et al. (1993)在对负极性触发闪电的电流直接测量中研究。他们把电流—时间图像分成 4 种波形。高速摄像数据使得研究正、负自然地闪的连续电流波形成为可能(Campos et al. ,2007,2009)。

高速摄像资料被用来分析每张图像中的特定像素的亮度随时间的变化。假定亮度与闪电通道电流直接成比例(Diendorfer et al. ,2003),高速摄像图像亮度的变化可以看成是连续电流随时间的变化。除了 Fisher et al. (1993)的结果,研究表明自然地闪显示出 2 种波形。在一个极端长的负连续电流中,30 多个 M 分量被观测到。并且,平均每个连续电流含有的 M 分量数目在不同极性中有很大的不同:Campos et al. (2007)观测到的负闪电中,平均每个连续电流有 5.5 个 M 分量,Campos et al. (2009)观测得到的正闪电中平均每个连续电流有 9 个 M 分量。

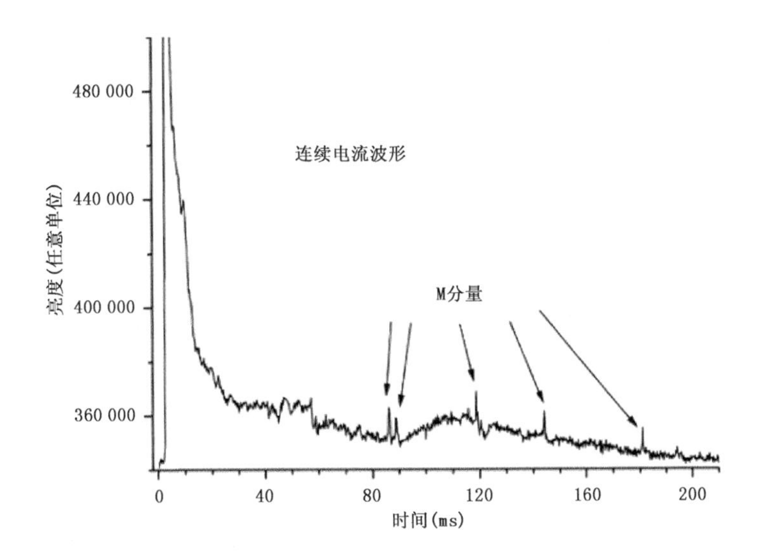

图 4.3　含有 M 分量的连续电流的波形示例(M 分量以箭头指示)

4.5 连续电流幅度和转移电荷量

通过触发闪电或高塔上的直接测量，能够最准确地得到连续电流的幅度（例如，Fisher，1993；Diendorfer，2009）。在没有这种直接测量时，连续电流可被地面静态或准静态电场探测到。由于连续电流期间，电荷稳定地转移到地面，引起电场变化的幅度在缓慢增加。因为静电场与闪电电荷源和它的图像形成的电偶极子的距离呈 r^3 衰减，所以估算只限于近距离闪电（小于 50 km）(Kitagawa et al.，1962；Shindo et al.，1989；Ross et al.，2008)。

本节正、负地闪连续电流幅度，是利用巴西东南地区一座 27 m 高的建筑物上的地基准静态电场（慢电场变化）资料计算得到（Medeiros et al.，2012；Schumann et al.，2012）。为了得到建筑物对电场的增强因子，在该高建筑物上和地面进行了电场变化的同时测量。测量结果表明，增强因子等于 3。也测量了传感器的延迟时间常数，用于重建实际的电场变化，如果延迟时间常数为无限大的话。这里提供的所有含有连续电流的电场资料都利用高速摄像记录进行了验证。

一些重要的不确定因素，产生于电荷移动中心范围的测定。尽管传感器与闪电接地点的距离可以由精度为 1 km 量级或更小的闪电定位系统给出，但是也能由电荷转移几何中心 km 量级的水平距离来补偿（Rakov et al.，1990；Ross et al.，2008）。

对于每一个连续电流过程，总的转移电荷量可以计算，然后除以总的持续时间，得到平均电流。81 个负闪电的连续电流过程的幅度累积概率分布如图 4.4 所示。连续电流幅度的算术平均值是 321 A。最大和最小值分别为 1400 A 和 22 A。图 4.4 中显示的 5%、50%和 95%的累积概率值分别为 788 A、199 A 和 45 A。值得注意的是，相对幅度小的长连续电流比幅度大的回击脉冲转移更多的电荷。

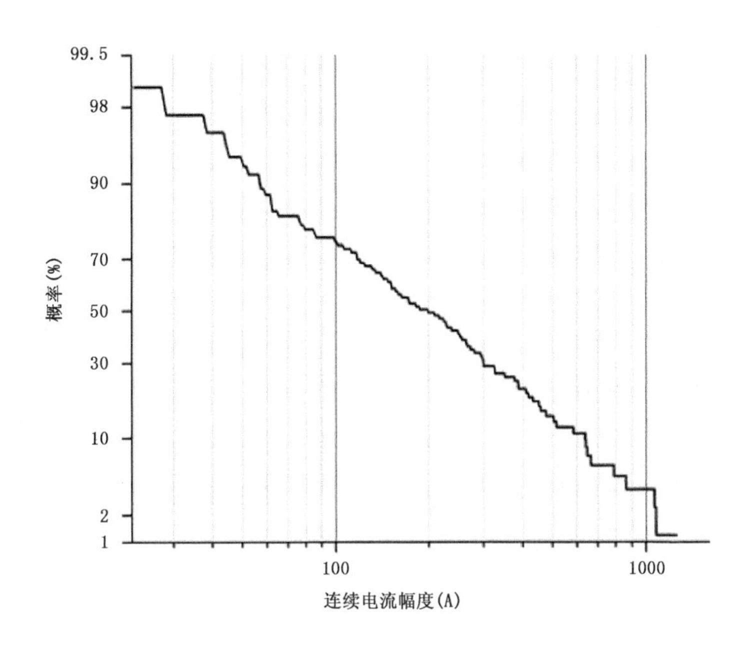

图 4.4　负云地闪连续电流幅度的累积概率分布

对于巴西东南地区的正地闪，5 个连续电流过程的转移电荷量最小的为 30 C，最大的为 3070 C。正连续电流的电流值变化范围为 400～35 800 A（Schumann et al.，2012）。

在日本，利用同样的技术进行多站电场观测，Brook et al.（1982）更早指出，正地闪常常具有大于 10 kA 的连续电流，幅度量级大于负地闪。由电场测量得到的正闪电更大幅度的连续电流在文献中被直接电流测量所证实。例如，Matsumoto et al.（1996）测量直接击打在传输线塔上的闪电电流，报道称连续电流的幅度为 10 kA，并持续了 35 ms。日本冬季的正、负闪电（更多的是正闪电），它们的转移电荷均被 Miyake et al.（1992）通过直接电流测量，为 1000 C 的量级。

4.6 小结

正闪电或正回击含有连续电流过程的百分比,比负闪电和负回击要高。正回击倾向于具有比负回击更长和强度更大的连续电流。正回击具有更高的峰值电流和长的连续电流,这种特质在任何一个负回击中都没有发现。自然地闪的连续电流波形变化多样,可分为6类。平均每个连续电流含有的M分量数目变化很大:负闪的每个连续电流平均含有5.5个M分量,而正闪的连续电流平均有9个M分量。负闪电中,含有长连续电流的回击通常具有更小的峰值电流,其前的回击峰值电流大,回击之间的时间间隔相对要小。幅度相对小的长连续电流比幅度大的回击脉冲转移更多的电荷。

第 5 章　闪电回击传播速度

5.1　简述

闪电回击速度是雷电防护研究中的一个重要参数。一些研究人员(例如，Lundholm，1957；Wagner，1963)认为，回击速度应该随着峰值电流的增大而增大。如果这种关系确实存在，它可以用于关联回击峰值电流和之前的先导电势来估计雷击距离(例如，Hileman，1999)。更进一步，回击速度是用于评估闪电在电源和通讯线中感应效应模式的一个参量(例如，Rachidi et al.，1996)。最后，一个明确的或绝对的回击速度的假设涉及由远距离测量的电场和磁场来推断闪电电流(见 3.5 节)。众所周知，回击速度可能随闪电通道变化。因此，沿着整个通道的光学速度观测不是通道底部 100 m 内的速度的必然代表。

光学测量的回击速度可能表示向上移动的回击尖端部分的速度，回击尖端的能量(通道中每个单位长度的电流和纵向电场的能量)损失是最大的。能量损失波的峰值很可能比电流波的峰值在时间上更早地出现(例如，Gorin，1985；Jayakumar et al.，2006)。由于回击光脉冲随高度变化很大，跟踪这种脉冲的传播来测量速度总是存在一些不确定性。例如，当跟踪光脉冲峰值时，随脉冲上升时间的增加，变成比刚开始跟踪时的速度更低。人们认为，在条纹相片上识别初始曝光时间(发光强度首次超过背景水平的时间，是速度测量的一个基础)的误差是不大的，特别是在接近地面时。测量回击速度的技术已被讨论(Idone et al.，1982)。

本章将提供自然和触发负闪回击速度的有效试验数据。通道的整个可见部分和底部 100 m 左右的数据都将被讨论。有限的正闪回击速度的测量也将被考虑。将看到，常常假设的回击速度与峰值电流之间的关系，一般是没有通过试验数据证实的。关于回击速度的其他信息，参见 Rakov(2007)及其参考文献。

5.2 通道可见部分的平均回击速度

负闪电。 Schonland et al. (1935)发现首次回击在通道底部的速度典型值为 1×10^{8} m/s，主通道顶部速度典型值为 5×10^{7} m/s。表 5.1 总结了测量的自然和人工触发闪电通道最底下数百米的回击速度。在自然闪电中，Idone et al. (1982)利用高速相机测量，得到二维回击速度（首次和继后回击）为 2.9×10^{7} m/s 和 2.4×10^{8} m/s，几乎相差一个量级。Idone 和 Orville 的数据样本包括 17 个首次回击和 46 个继后回击，1.3 km 的平均速度分别为 9.6×10^{7} m/s 和 1.2×10^{8} m/s。因此，首次回击的速度要低于继后回击，尽管差值不大。Boyle et al. (1976)报道 12 个回击的速度在 $2.0\times10^{7}\sim1.2\times10^{8}$ m/s 变化。Mach et al. (1989)通过光电测量，得到了相似的自然闪电回击速度的幅度变化范围。表 5.1 中测量的回击速度高于 Schonland et al. (1935)的结果，部分原因可能是这些测量更接近地面，此处的回击速度值趋向于更高。

在触发闪电中，在通道最低端长于 500 m 的部位（“长通道”），条纹相机测量得到的三维回击速度变化幅度为 $6.7\times10^{7}\sim1.7\times10^{8}$ m/s(Idone et al.，1984)，光电测量的二维回击速度值为 $6\times10^{7}\sim1.6\times10^{8}$ m/s(Mach et al.，1989)。在长度小于 500 m 的通道部分的光电测量（“短通道”二维速度）导致了更宽的回击速度变化范围 $6\times10^{7}\sim2\times10^{8}$ m/s(Mach et al.，1989)。

表 5.1　在自然的和触发的负闪电中测量的回击速度的总结(Rakov et al.,1992)

	文献	最小速度(m/s)	最大速度(m/s)	平均速度(m/s)	回击发展速度(m/s)	样本大小	备注
自然闪电	Boyle et al.,1976	2.0×10^7	1.2×10^8	0.71×10^8	2.6×10^7	12	条纹相机,二维速度
	Idone et al.,1982	2.9×10^7	2.4×10^8	1.1×10^8	4.7×10^7	63	条纹相机,二维速度
	Mach et al.,1989	2.0×10^7	2.6×10^8	$1.3\pm0.3\times10^8$	5.0×10^7	54	长通道
		8.0×10^7	$>2.8\times10^8$	$1.9\pm0.7\times10^8$	7.0×10^7	43	短通道(光电测量,二维)
触发闪电	Hubert et al.,1981	4.5×10^7	1.7×10^8	9.9×10^7	4.1×10^7	13	光电测量,三维速度
	Idone et al.,1984	6.7×10^7	1.7×10^8	1.2×10^8	2.7×10^7	56	条纹相机,三维速度
	Willett et al.,1988	1.0×10^8	1.5×10^8	1.2×10^8	1.6×10^7	9	条纹相机,二维速度
	Willett et al.,1989a	1.2×10^8	1.9×10^8	1.5×10^8	1.7×10^8	18	条纹相机,二维速度
	Mach et al.,1989	6.0×10^7	1.6×10^8	$1.2\pm0.3\times10^8$	2.0×10^7	40	长通道
		6.0×10^7	2.0×10^8	$1.4\pm0.4\times10^8$	4.0×10^7	39	短通道(光电测量,二维)

正闪电。Mach et al.(1993)根据光电测量,报道了 7 个正和 26 个负自然闪电回击的二维传播速度。他们把回击速度分为两类(与上文讨论的 Mach et al.(1989)速度测量相似):一类是小于 500 m 通道部分的平均速度值(4 个正闪电 332～443 m 长的通道部分);另一类是大于 500 m 通道部分的平均速度(7 个正闪电 569～2300 m 长的通道部分)。对于“短通道”类,Mach et al.(1993)得到正回击的平均速度是 0.8×10^8 m/s,负回击的平均速度是 1.7×10^8 m/s。

Idone et al.(1987)给出了正回击速度的二维测量,这个正回击为 Florida (KSC)1 个含有 8 次回击的火箭触发闪电的唯一的正回击,其余 7 次均为负回击。Nakano et al.(1987,1988)也给出了日本冬季一个自然正闪电回击速度的二维测量。Idone et al. (1987)测量正回击的速度为 10^8 m/s,7 个负回击的速度为 $0.9\times10^8\sim1.6\times10^8$ m/s,所有的速度由紧接地面平均 850 m 长的通道得到。Nakano et al. 指出,回击速度随高度显著变化,这将在 5.4 节介绍。

5.3 通道底部 100 m 的回击速度

通道底部大约 100 m 回击速度的光学测量。这部分通道相当于通道底部电流的初始峰值形成的时间(典型继后回击电流的 10%~90%上升时间是 0.3~0.6 μs,见 Fisher et al. ,1993)。这是由测量的辐射场峰值和距离来估算电流峰值所需的速度值(见 3.5 节)。

Wang et al. (1999c)报道了离地面 400 m 内触发闪电 2 个回击的二维速度剖面。这些速度剖面于 1997 年在佛罗里达坎普布兰丁由时间分辨率 100 ns、空间分辨率 30 m 的数字光学成像系统 ALPS 获得。通道底部 60 m 的回击速度为 1.3×10^8 m/s 和 1.5×10^8 m/s。Weidman(1998)根据 1996 年佛罗里达坎普布兰丁和 1996—1998 年亚利桑那图森的光电测量,得到通道最低 100 m 处,14 个触发闪电回击和 9 个自然闪电回击的平均速度分别为 7.8×10^7 m/s 和 8.8×10^7 m/s。

Olsen et al(2004)利用 4 个光电二极管的垂直阵列,估计了佛罗里达坎普布兰丁一次触发闪电中通道最底端 170 m 的 5 次回击速度。在佛罗里达,在 3 个不同闪电通道部位(7~63 m、63~117 m、117~170 m),跟踪回击光脉冲前段峰值的 20%来估测回击速度(见表 5.2)。通道最低部分,7~63 m 的速度为 $1.2\times10^8\sim1.3\times10^8$ m/s。通道更高部分的速度通常更高,63~117 m 部分的速度为 $1.6\times10^8\sim1.8\times10^8$ m/s,117~170 m 部分的速度为 $1.2\times10^8\sim1.7\times10^8$ m/s。

因此,基于所有相关的有效测量,闪电通道底部几十至一百米(也就是通道底部电流初始峰值形成的时间)的回击速度是光速的三分之一至三分之二。

表 5.2　跟踪触发闪电 F0336 发光脉冲峰前 20%点的回击速度 ($\times 10^8$ m/s)估计(Olsen et al. ,2004)

高度范围 (m)	回击序号					估算误差(%)
	1	2	4	5	6	
7～63	1.3	1.2	1.2	1.2	1.2	10
63～117	1.6	1.8	1.8	1.8	1.6	15
117～170	1.7	1.2	1.5	1.6	1.5	21

注:回击 3 没有数据。

5.4　回击速度随高度的变化

Idone et al. (1982)发现负回击(首次回击和继后回击)速度通常随高度减小,通道可见部分的速度相对于接近地面的通道速度要减小 25%,甚至更多。在计算闪电电磁场时,回击(特别是继后回击)速度在辐射通道部分通常被假定为常数(例如,Rakov et al. ,1998)。Gorin(1985)提出了一个非单调的回击速度剖面。根据他的首次回击的非线性分布电路模型,速度最初在数百米通道内增大到最大值,然后减小。Gorin(1985)模型中最初的速度增大与所谓的突破性进展状态(也称为最后一跳或开关闭合状态)有关,认为是导致回击电流脉冲初始上升部分形成的原因。基于 Schonland(1956)发表的实验数据,Srivastava(1996)根据速度由零上升到峰值然后下降,提出了一个首次回击时间函数的双指数表达式。表 5.2 中触发闪电第 2、4、5、6 次回击的速度随高度的变化表明,速度确实是开始时增大,然后随高度的增高而减小。

我们现在讨论,在正闪电中观测到的回击速度随高度的变化。Nakano et al. (1987,1988)报道二维回击速度在 180 m 以上的通道部分随高度增高而显著减小,由 310 m 时的 2×10^8 m/s 减小到 490 m 时的 0.3×10^8 m/s。另一方面,Mach et al. (1993)发现正回击随高度没有显著的速度变化。显然,需要更多的关于正回击速度的数据。

5.5 回击速度与峰值电流的关系

一些研究人员(Lundholm，1957；Wagner，1963)认为，回击速度应该随着峰值电流的增大而增大。这意味着回击波形是高度非线性的，以致波形速度是波形幅度的函数，这还没有实验数据的支持。特别是 Willett et al. (1989a)和 Mach et al. (1989)在佛罗里达的触发闪电中发现，在回击传播速度和回击峰值电流(在 6～43 kA 变化)之间缺乏相关性。

Idone et al. (1984)观测到，在新墨西哥触发闪电的这两个参数之间有一个非线性的关系，但是如果为了使得 Idone et al. (1984)的数据样本与 Willett et al. (1989a)和 Mach et al. (1989)的相同，排除回击峰值电流小于 6～7 kA 这种相对小的事件，则这种非线性的相关性将不再存在。假如在回击速度和回击电流之间存在相关性，这种相关性也受到很多因素的影响，并且这种相关性具有巨大的分散性。Rakov(1998)在有损耗的传输线模型中行进波和闪电回击过程的特征对比中，推断回击与“经典的”(线性的)行进波相似。在回击过程中发生了离子化，但是对波传播特征具有相对小的作用，这主要由波前的传输线参数决定，与波幅相反。结果是，回击波形经受了相当可观的衰减和分散(Rakov，1998)。因此，通常假设回击速度和峰值电流之间的相关性(例如，Chowdhuri et al. ,2005)一般没有得到实验数据的支持。

5.6 小结

在云底以下，负回击(首次或者继后回击)的平均传播速度典型值为光速的三分之一到二分之一。首次回击速度似乎是小于继后回击，尽管差值不是很大(9.6×10^7 m/s 与 1.2×10^8 m/s)。正回击的速度为 10^8 m/s 量级，尽管数据有限。通道底部 100 m 左右的负回击速度预计是光速的三分之一到三分之二。

负回击的速度通常随高度减小。有实验证明:负回击速度可能沿闪电通道非单调地变化,开始时增大,然后随高度增大而减小。关于正回击速度随高度的变化存在矛盾的数据。通常假设的回击速度和峰值电流之间的相关性目前没有数据支持。

第 6 章　闪电通道的等效阻抗

6.1　简述

闪电通道阻抗是一个影响进入被击中物体电流量的重要参数。它也可能是确定在闪电电流注入点的反射系数所需要的参数。

直击效应。当毫不考虑闪电通道实际电流分布时(忽略了电磁耦合效应)，闪电常常被近似为诺顿等效电路(例如，Carlson，1996)。它包括一个与假定为常数的闪电通道阻抗 Z_{ch} 并联的、等于闪电电流的理想电流源，如果地面是极佳的导体，闪电电流将流入地面(短路电流 I_{sc})。当击打物能被表示为总接地阻抗 Z_{gr} 时，这个阻抗是一个与闪电诺顿等效阻抗相并联的负载(见图 6.1a)。因此，"短路"闪电电流 I_{sc} 有效地在 Z_{gr} 和 Z_{ch} 之间分流，以致由闪电通道底部流入地面的电流为 $I_{gr}=I_{sc}Z_{ch}/(Z_{ch}+Z_{gr})$。$I_{sc}$ 和 Z_{ch} 都存在回击间的差异，并且 Z_{ch} 是通道电流的函数，然而，通常假定闪电通道的等效阻抗 Z_{ch} 为常数。其非线性特性与获得诺顿等效电路所必需的线性要求相违背。

如果被击中物高，闪电通道的等效阻抗也影响击中物中的瞬态过程。也就是具有与源电流的最短波长相当或比之更大的量级，这通常与闪电回击电流波形的初始上升部分有关。例如，用来分析与高建筑物的闪电相互作用的诺顿等效电路如图 6.1b 所示。需要强调的是，当不考虑闪电通道电流有效分布时，图 6.1a 和图 6.1b 中显示的等效电路只适用于研究闪电直击效应(例如，利用电磁暂态程序 EMTP，Scott-Meyer，1982)。

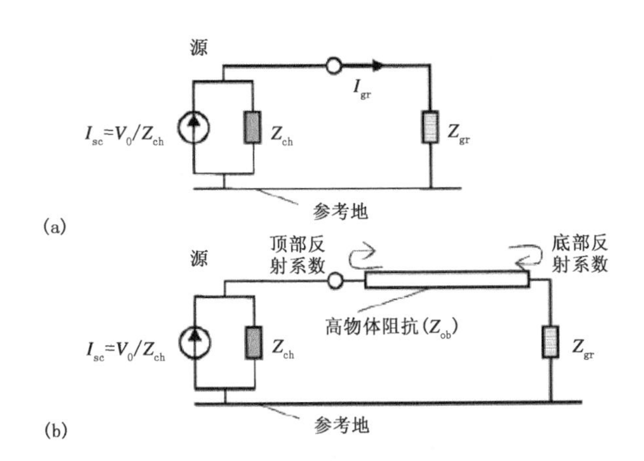

图 6.1　闪电击中集总接地阻抗(a)和接地的高物体(b)的工程模型(Baba et al. ,2005a)

闪电以诺顿等效电路表示,标记为“源”。注入集总接地阻抗 Z_{gr} 和高物体(它的特征阻抗为 Z_{ob})中的源输出电流是分别与图(a)和图(b)表示的集总电压源模型相一致的。

感应效应。在研究闪电感应效应中,电流沿闪电通道的分布是必需的,以计算电场和磁场。在这后面的例子,图 6.2a 和图 6.2b 所示的表示法能被代替使用。闪电通道被假定为一个带电的传输线,$V_o = I_{sc} \times Z_{ch}$(Baba et al. , 2005a)。在这种情况下,闪电通道的等效阻抗与它的特征阻抗相同。假如没有涉及反射的话,一个串联的理想电流源也能被用于集总击中物的情况(见图 6.1a),但是不能用于高物体长放电的击中物(见图 6.1b)。这是因为理想电流源具有无穷大的阻抗,反射到达源点时,闪电通道与击中物电性绝缘。总分流电流源也不适用于高击中物的情况,因为当它们的特征阻抗被假定为不同时,它将在闪电通道和击中物(串联连接)中注入不同的电流。在图 6.2 所示的两种表示中,电流源(Rachidi et al. ,2002)或者在电流注入点没有插入任何阻抗的纵向电流(Thottappillil et al. ,2006)能被用来替代总电压源,但是 Z_{ch} 仍然是需要的,以确定击中物顶部的反射系数(见图 6.2b)。

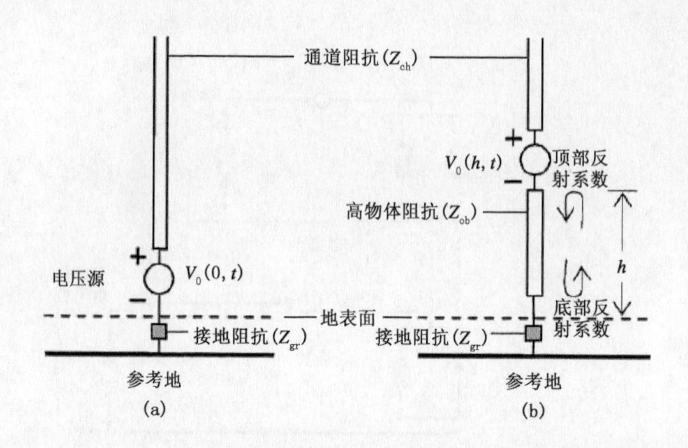

图 6.2　闪电击中平地或电气短的物体(a)和高度为 h 的高接地物体(b)的两种情况(Baba et al. ,2005a)

以无损传输线串联产生任意电压波形 $V_O(0,t)$ 或 $V_O(h,t)$ 的集总电压源来表示，Z_{ch} 是代表闪电通道的特征阻抗，Z_{ob} 表示高击中物体的特征阻抗。

值得注意的是，在地面之上的垂直导体(见图 6.2a)实际上是一个阻抗不一致的传输线，它的特征阻抗随高度增加而增大。合成的分布阻抗间断性地导致反射返回到源。结果是，即使没有损耗，电流幅度也随高度的增加而减小(Baba et al. ,2005b)。

总之，闪电通道的等效阻抗是需要的，以确定用于计算直击(见图 6.1)或感应的(见图 6.2)闪电效应的电路模型中的源。它也可能被用来确定闪电电流注入点的反射系数(见图 6.2b)。在 6.2 节中，我们将提供关于闪电通道等效阻抗有限但有效的数据。

6.2　实验数据的推论

如果知道物体的特征阻抗和接地阻抗，或者能被合理地假定，由在非常高的物体上的闪电电流波形的测量，来估计闪电通道的等效阻抗是可能的。在莫斯科 540 m 高的 Ostankino 塔上进行的离地 47 m、272 m 和 533 m 高度处的典型闪电电流波形测量如图 6.3 所示。Gorin et al.(1984)报道，他们在 47 m 和 533 m 高度处测量的平均峰值电流分别为 18 kA 和 9 kA。观测到峰值电流的差异表明，塔的有效接地阻抗比它的特征阻抗更小，并且特征阻抗比闪电通道的等效阻抗要小很多。Gorin et al.(1984)利用在塔顶附近(533 m)测量的电流上升时间要小于电流波形以光速由塔顶到塔底然后返回的时间(大约 3.5 μs)，通过电流波形测量来估算假定为实数的闪电通道等效阻抗，当塔的特征阻抗假定为 300 Ω，接地电阻假定为 0(低电流低频率值约为 0.2 Ω，Gorin et al.，1977)时，它们的估算值为 600～2500 Ω。

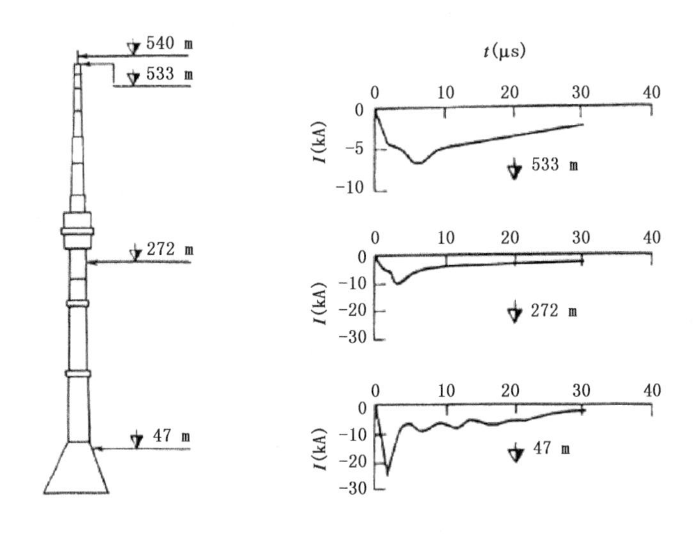

图 6.3　在莫斯科 540 m 高的 Ostankino 塔顶部(533 m)、中间(272 m)和底部附近(47 m)记录的上行负闪电的典型的回击电流波形(Gorin et al.，1984)

对于火箭触发闪电，观测到平均回击峰值电流不太受击中点的阻抗在 0.1～200 Ω(Rakov et al.，1998 Schoene et al.，2009)变化的影响，这意味着等效闪电通道阻抗是千欧姆量级，与 Gorin et al.(1984)的结果一致。而且，Wagner et al.(1961)通过理论分析，指出回击阻抗应当在 900～2000 Ω 变化，对应于更低电流回击的更大值。最后，Rakov(1998)通过有损耗的传输线模型，估计直窜先导建立的通道特征阻抗(在回击波形 100～1000 MHz 频率部分)为

0.5～1000 Ω。因此，表明闪电通道等效阻抗应当远大于架空线的 400 Ω 浪涌阻抗$(L/C)^{1/2}$。

6.3 小结

闪电通道的等效阻抗是需要的，用于确定在研究闪电直击或感应效应时电路模型中的源。确定闪电电流注入点的反射系数也可能需要等效阻抗。来自有限的实验数据的阻抗估计，通道的等效阻抗为几百欧姆至几千欧姆。在许多实际情况中，闪电在击中点的阻抗为几十欧姆或更小，这可让人们假定闪电通道等效阻抗为无穷大。也就是说，在这些情况下的闪电能被看成是一个理想的电流源。在雷击阻抗为 400 Ω 的电源架空线（等效阻抗为 200 Ω，两个方向可以看作是 400 Ω）的情况下，理想电流源近似法仍然适用。

以内阻抗为 400 Ω 的电流源（类似于架空线，例如，Motoyama et al.，1998）来表示闪电的方法很可能是不合理的。闪电通道阻抗应当是电流调节水平和电流的函数（例如，Wagner et al.，1961；Gorin，1985；Rakov，1998），目前在工程计算中还没有被考虑到。

第 7 章　正闪与双极性闪电

7.1　简述

下行正闪电。由下行先导引起并有效地把云中正电荷转移到地面，大约占所有云地闪电的 10%（例如，Rakov，2003b）。由于相对少见，正闪电放电与负闪电放电相比，它被研究和理解的要少很多。产生正闪电的雷暴云的电荷结构及其演变，就像导致其产生的云内过程（例如，Nag et al.，2012）一样，在很大程度上仍然是一个谜。正闪电放电得到了相当的重视，原因如下（Rako，2003b）：

(1)记录到的最大的闪电电流（接近 300 kA）和转移到地面最大的电荷量（几百库仑甚至更多）与正闪电有关。

(2)正闪电可能是寒季雷暴和雷暴消散阶段云地闪电的主要类型。

(3)正闪电被发现与中高层大气中的瞬时发光事件“精灵”有优先联系。

(4)闪电定位系统（LLS），比如美国国家雷电探测网（NLDN），对正极性放电的可靠识别，对依赖 LLS 数据的各种气象的和其他的研究具有重要的作用。

(5)正闪电的几个特性（闪电的回击数、连续电流、先导传输模型和分支）与负闪电明显不同。

正电荷也能被所谓的双极性闪电转移到地，双极性闪电循序地转移两种极性的电荷到地面。双极性闪电通常不被认为是全部闪电活动的重要组成部分，尽管这种闪电放电可能不比正闪电少见（Rakov，2005）。双极性闪电放电一般由高建筑物的上行先导引起。但是，自然下行闪电也可能有双极性的（Jerauld et al.,2009;Fleenor et al.,2009; Saba et al.,2013)。关于上行正闪和双极性闪电的其他信息见第8章。在第4章讨论了正极性闪电的连续电流过程。

虽然正闪电占总闪电的百分比相对低,正闪电的发生还没有完全被理解,但是如以下所列5种情况使得正闪电频繁出现:

(1)单体雷暴的消散阶段。

(2)冬季雷暴。

(3)中尺度对流系统(MCS)之后的层状区域。

(4)强风暴。

(5)森林大火或烟污染物形成的雷暴云。

7.2 一般特征

下面是观测到被认为是正闪电放电特有的特征:

(1)闪电通常只有单个回击。然而大约80%的负闪电含有2个或者更多的回击,典型的是3~5个回击(见2.5节)。多回击的正闪电也有但是相对稀少(见7.2节)。

(2)正回击倾向于含有典型的持续几十至几百毫秒的连续电流过程(例如,Fuquay,1982;Rust et al.,1981,1985;Saba et al.,2010)。Brook et al.(1982)通过多态电场测量,推断超过10 kA的正闪电中的连续电流,至少比负闪电大一个量级,持续时间可达到10 ms。Campos et al.(2009)最近表明,与负闪电相似,正闪电中的连续电流叠加有M分量。正闪电中的连续电流和M分量的其他信息见第4章。

(3)由电场记录可知,正回击之前常常有重要的持续时间平均超过100 ms(Fuquay,1982; Schumann et al.,2013)或者200 ms(Rust et al.,1981)的云内放电活动。观测表明,对地的正极性放电可能由广泛的云放电或者是其一个分支产生(Kong et al.,2008;Saba et al.,2009)。负极性云地放电很少由如此长持续时间的云内放电活动产生。

(4)几个研究人员(Fuquay,1982;Rust,1986)报告指出,正闪电放电总是包含长的水平通道,长度达到数十千米。这可能是由于它们与云放电有更密切的关系。

(5)由光学图像可知,正先导能连续地或者间歇地(在梯级模式)发展。这与负先导不同,当负先导在原始状态的空气中发展时总是梯级的。

总之,对地正放电通常由一个回击组成,其前常常有重大的云内放电活动,并倾向于含有连续电流。与负先导相比,正先导似乎能连续地或以梯级模式运动,尽管这两种先导的梯级机制是不同的。

7.3　闪电多回击

闪电多回击常常被用来表示每个闪电的回击数目,回击不一定要沿相同的通道到达地面。如上所说,正闪电通常是单回击的,然而大约 80%的负闪电含有 2 个或者更多的回击(见 2.5 节)。来自不同研究,具有不同回击数目的正闪电总结于表 7.1,沿先前建立的通道的正继后回击见表 7.2。

表 7.1　具有不同回击数目的正闪电特征(Nag et al. ,2012)

文献	地点	样本大小	含有不同回击数目的闪电的次数(百分比)				平均回击次数
			单次回击	2 个回击	3 个回击	4 个回击	
Heidler et al. ,1998	德国 (1988—1993)	44	33(75%)	8(18%)	2(5%)	1(2%)	1.3
Heidler et al. ,1998	德国 (1995—1997)	32	28(88%)	4(13%)	0	0	1.1
Fleenor et al. ,2009	美国中心大平原 (堪萨斯州和内布拉斯加州)	204	195(96%)	9(4%)	0	0	1.0
Saba et al. ,2010	巴西,亚利桑那州,奥地利	103	83(81%)	19(18%)	1(1%)	0	1.2
Saba et al. ,2010	巴西	70①	54(77%)	15(21%)	1(1%)	0	1.2
Nag et al. ,2010	佛罗里达	52	42(81%)	9(17%)	1(2%)	0	1.2

①在巴西、亚利桑那州和奥地利观测到的 103 次闪电中的巴西子集。

表 7.2 沿先前创建的通道发展的正闪电继后回击特征(Nag et al. ,2012)

文献	地点	沿先前创造的通道的继后回击的次数(百分比)	样本大小(继后回击总数)	说明
Ishii et al. ,1998	日本	0(0)	17	冬季雷暴;5站电场观测
Fleenor et al. ,2009	美国中心大平原(堪萨斯州和内布拉斯加州)	5(56%)	9	夏季雷暴;录像观测,电场观测(LASA),NLDN
Saba et al. ,2010	巴西,亚利桑那州,奥地利	1(4.8%)	21	夏季雷暴;高速摄像观测,闪电定位系统
Nag et al. ,2012	佛罗里达	3(38%)	8	夏季(2个闪电)和冬季(1个闪电)雷暴;电场观测,NLDN

7.4 电流波形参数

适用于平坦地面上适当高度物体的正闪电峰值电流的可靠分布，目前难以获得。通常用于闪电研究和闪电防护的波形参数，主要参考 Berger 分析的 26 个直接测量正闪电电流的样本(Berger et al.,1975)。可是，这个样本显然是基于以下两者的混合：(1)下行正先导与在塔顶几十米内的上行负先导连接产生的放电。(2)塔上产生的非常长的(1～2 km)上行负先导与荷电相反的云内通道连接产生的放电。这两种正放电，以在塔顶上行连接先导与荷电相反的空中通道(下行正先导或是荷正电的云内放电通道)的连接点的高度来区分，被期望在塔上产生非常不同的电流波形，就像图 7.1a 和图 7.1b 的那样。图 7.1a 所示的微秒尺度的电流波形可能与下行负闪电过程相似，然而图 7.1b 显示的毫秒尺度的电流波形很可能是电荷转移到地的 M 分量模式(见 2.3 节)。尽管在后一种情况，电流峰值可能比普通的 M 分量要大非常多。毫秒尺度的波形，可能是能产生非常长的上行连接先导的高物体的特征。上文 Berger 详细阐述的 26 个正闪电放电的观点是对以前 CIGRE 假设(那些事件“主要与上行闪电”有关)的修正(Anderson et al., 1980)。

另一方面，多站 LLS(如 NLDN)记录的电场或磁场推断正闪电峰值电流的分布，受测量电磁场转换为电流的不确定性影响(见 3.5 节)。用于这种转换的 NLDN 公式，是基于 NLDN 测量电磁场峰值与直接测量触发负闪电回击的电流线性回归方程，并外推于自然正回击的。另外，基于 LLS 数据的正闪电峰值电流分布的下端数据会被误识别为云闪脉冲干扰(例如，Cummins et al.,1998)。

因为直接电流测量正闪回击数据的缺乏，基于 Berger 记录的 26 个事件(见图 3.1 和表 7.3)的峰值电流分布仍然在使用。尽管这 26 个事件中有些很可能不是回击。因为其样本数少，需要谨慎使用表 7.3 中的波形参数。显然，增加正闪电回击的测量是需要的，以建立峰值电流和其他参数的可靠分布。

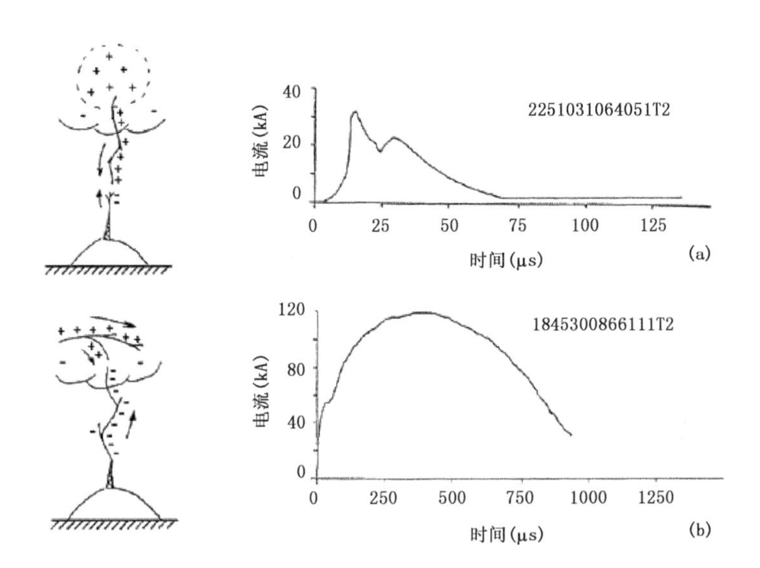

图 7.1　Berger 观测的两类正闪电电流的时间波形示例图和可能产生该波形的闪电过程的草图
(箭头表示闪电通道发展方向。Rakov,2003b)
(a)微秒尺度波形;(b)毫秒尺度波形

表 7.3　正闪电电流参数(Berger et al. ,1975)

参数	单位	样本大小	超过列表值的百分比		
			95%	50%	5%
峰值电流(最小值 2 kA)	kA	26	4.6	35	250
电荷量(总电荷量)	C	26	20	80	350
脉冲电荷量(不包括连续电流)	C	25	2.0	16	150
波形前沿持续时间(2 kA 到峰值)	μs	19	3.5	22	200
dI/dt 最大值	kA/μs	21	0.20	2.4	32
回击持续时间(2 kA 到波尾半峰值)	μs	16	25	230	2000
作用积分($\int i^2 dt$)	A^2s	26	2.5×10^4	6.5×10^5	1.5×10^7
闪电持续时间	ms	24	14	85	500

对于 Berger 检验过的 26 个正闪电事件,峰值电流显示出与脉冲电荷量和作用积分相对强的相关性(相关系数分别为 0.77 和 0.84),而与波前持续时间

本质上没有相关性。与最大的上升比例(0.49)和回击持续时间(0.58)的相关系数是相对弱的。

Gamerota et al. (2012)为了数值模拟闪电效应，提出了闪电电流波形参数，建议强烈的(1%)正回击波形峰值为 350 kA、上升到电流峰值的时间为 11 μs、衰减到半峰值的时间为 40 μs。他们也注意到，这后一个参数对于正首次回击来说不是很好定义，并把在正闪电中观测到大的电荷转移和作用积分归因于连续电流。

7.5 小结

尽管研究有进展，对于正闪电的认识仍然远远落后于负闪电。没有进一步的研究，不能回答关于正闪电起源及特征的许多问题。虽然正闪电放电占总的云地闪电活动的 10%或更少，但是有 5 种情况有利于正闪电更频繁的发生。这些情况包括：(1)单体雷暴的消散阶段；(2)冬季雷暴；(3)中尺度对流系统之后的层状区域；(4)一些强雷暴；(5)森林火灾或者烟污染物形成的雷暴云。测量到的最大的闪电电流(接近 300 kA)和最大量的转移电荷(数百库伦甚至更多)是与正闪电相关的。

两种脉冲的正电流波形被观测到：一种是对应首次回击负闪，上升时间为 10 μs 量级的波形；另一种是具上升时间长达几百微秒的波形。这后一种的波形似乎是与长达 1～2 km 上行负先导相对应。因为缺乏正闪电回击的直接电流测量数据，仍然推荐使用基于 Berger 记录的 26 个事件(见图 3.1 和表 7.3)的峰值电流分布，尽管这 26 次事件中有些很可能不是回击。但是，因为样本数量少，要注意表 7.3 中列出的波形参数，显然，需要增加正闪电回击的测量数据，以建立可靠的峰值电流和其他参数的分布。尽管 4 个回击的正闪电曾被观测到，但是，正闪电通常仍由一个回击组成。正回击之前总是有强烈的云内放电活动，通常有强烈的连续电流过程。

第 8 章　上行闪电放电

8.1　简述

接地的垂直物体，在它们的顶端附近产生相对强的电场，以致上行连接先导早于它们周围的低矮物体，因此成为一个优先的闪电连接点。Rakov(2003a)给出了闪电与高物体相互作用的综合总结。随着物体高度的增高，被观测到闪电放电的数目增多，上行闪电的百分比增大。高度在 100～500 m 的物体，两种闪电(上行和下行)都有。高塔上频发的闪电使高塔成为直接闪电电流测量的优先选择(见 3.1～3.4 节)。

8.2　高物体有效高度的概念

解释高山上中等高度(小于 100 m)的塔较高的闪电发生率，一个所谓的“有效高度”(比物体的物理高度要大)被指定给建筑物。有效高度解释了由于山的存在，在塔顶形成强的电场。Pierce(1971)和 Eriksson et al. (1984)基于一个给定的塔的闪电发生率的实际观测，提出了两个统计和经验的方法，以估计高物体的有效高度。根据 Eriksson(1987)，高建筑物闪电的总数目 N_{all} 为：

$$N_{all} = N_g \times 24 \times h^{2.05} \times 10^{-6} \tag{8.1}$$

其中 h 是以米为单位的建筑物高度，N_g 是建筑物所在位置区域的地闪密度(单位为每年每平方千米)。Eriksson et al. (1984)提出了一个建筑物的上行闪电

百分比 P_u 的高度方程式：

$$P_u = 52.8 \times \ln(h) - 230 \tag{8.2}$$

在经验公式(8.1)和(8.2)的推导中，有效高度 350 m 被用来作为博格塔(Berger's towers)的高度以代替它们 70 m 的物理高度。Zhou et al.(2010)基于模型提出了一个估计有效高度的方法，该模型考虑了整体的几何结构(建筑物+山)、山顶周围的电场分布和 Rizk(1990)提出的上行闪电初始判断标准，被称为“利兹克(Rizk)模型法”。

表 8.1 展示了 Pierce et al. 估计和利用利兹克模型法计算的一些建筑物的有效高度。如表 8.1 所示，有效高度取决于山脉高度和塔的高度，并且总是大于塔的物理高度。Zhou et al.(2010)鉴别了上行正先导速度和山脉基圆半径的变化，作为基于利兹克模型方法估计有效高度的最受影响的参数。

表 8.1 在高物体上进行的闪电研究的总结，包括有效高度估计(Rakov, 2011)

物体	地点	高度(m)	地形	有效高度(m)	挑选的参考文献
帝国大厦	美国纽约	410	平坦	410	McEachron, 1939, 1941; Hagenguth et al., 1952
两个相距 400 m 的塔①	瑞士卢加诺圣萨尔瓦多山	70	比卢加诺湖高 640 m 的山，海拔 912 m	270(Pierce, 1971), 350(Eriksson, 1978), 198(Zhou et al., 2010)	Berger et al., 1965, 1966, 1969; Berger, 1967, 1972, 1977, 1978; Berger et al., 1975
Ostankino 电视塔	俄罗斯莫斯科	540	平坦	540	Gorin et al., 1975, 1977; Gorin et al., 1984
两个电视塔②	意大利中部靠近福利尼奥的萨素迪白，意大利北部瓦雷泽附近的蒙特奥萨	40	海拔 980 m 和 993 m 的山	500 (Eriksson, 1978), 120 (Zhou et al., 2010)	Garbagnati et al., 1970, 1973, 1982a, 1982b; Garbagnati et al., 1974, 1975, 1978, 1981
科学与工业研究中心	南非比勒陀利亚	60	比周围地面高 80 m 的山坡，海拔 1400 m	148 (Eriksson, 1978) 113 (Zhou et al., 2010)	Eriksson, 1978, 1982

续表

物体	地点	高度(m)	地形	有效高度(m)	挑选的参考文献
加拿大国家电视塔	加拿大多伦多	553	平坦	553	Hussein et al. ,1995;Janischewskyj et al. ,1997
Peissenberg 塔	德国慕尼黑霍希佩森伯格	160	比周围地面高约 288 m 的山，海拔 988 m[3]	324 (Zhou et al. ,2010)	Beierl,1992;Fuchs et al. ,1998;Flache et al. ,2008
St. chris-chona 塔	瑞士巴塞尔	248	海拔 493 m 的山	468 (Zhou et al. ,2010)	Montandon,1992,1995
Cachimbo 塔	巴西	60	比周围地面高 200 m 的山，海拔 1600 m	145 (Zhou et al. ,2010)	Lacerda et al. ,1999;Schroeder et al. ,2002;Visacro et al. ,2004
Gaisberg 塔	奥地利萨尔茨堡	100	海拔 1287 m 的山	274 (Zhou et al. ,2010)	Diendorfer et al. ,2000,2002,2009;Zhou et al. ,2010,2011a,2011b,2012
福井烟囱	日本福井	200	平坦	200	Miyake et al. ,1992;Asakawa et al. ,1997
气象塔	日本新潟	150	平坦	150	Goto et al. ,1995
Säntis 塔	瑞士	124	海拔 2505 m 的山	未知的 ($P_u \rightarrow 100\%$)	Romero et al. ,2012a,2013a
风车及其防护塔(相距 45 m)	日本内滩	100 和 105	海拔 40 m 的山坡	未知的 ($P_u = 96\%$)	Wang et al. ,2008a,2011;Lu et al. ,2009

①第一个是木制的、装有接地避雷针的塔，建于 1943 年。第二个是钢制的塔，建于 1950 年。在 1958 年，木制塔被一个钢制塔替代(F. Heidler 的私人信件,2000)。

②大多数数据在距离圣萨尔瓦多山仅仅 10 km 的蒙特奥萨获得。

③塔位于山顶之下的大约海拔 937 m 之处(F. Heidler 的私人信件,1999)。

Smorgonskiy et al. (2011)和 Ishii et al. (2011)展示了基于闪电定位系统提供的数据分析来估计高建筑物上行闪电数目的新方法。

8.3 上行闪电的起始

通常假定当物体顶部一定距离的电场强度超过临界值时，物体开始放电（上行先导）。基于日本风车及其雷电防护塔上14个上行闪电的电场变化分析，Wang et al. (2008a)建议把上行闪电放电分成两类，“自触发的”（起始之前没有任何的邻近闪电活动）和“其他触发的”（由附近的闪电活动触发）。Zhou et al. (2012)分别用术语“自起始的”和“邻近闪电触发的”闪电来划分这两种上行闪电。

Wang et al. (2011)把53%(28/53)的闪电划分为自触发闪电，47%(25/53)被云内或附近的云地闪电触发。在美国南达科它州Rapid城市的夏季，几乎100%(80/81)的上行闪电由附近的闪电触发，主要是正回击触发（Warner et al.,2011）。相反，Zhou et al. (2012)报道Gaisberg塔上(GBT)87%(179/205)的上行闪电，起始之前没有任何的邻近闪电活动，13%(26/205)起始之前有邻近的闪电活动。大多数(85%)由附近闪电触发的上行闪电，发生在对流季节。以上观测结果表明，上行闪电的起始机制有很强的区域和季节性差异。并且这可能是目前估计高建筑物上行闪电数目的方法，没有一个能提供满意结果的原因。

8.4 上行闪电的季节特性

观测到上行闪电的季节特征与下行闪电的季节特征有些不同。Diendorfer et al. (2009)报道，GBT的上行闪电年分布大致是一致的（见图8.1），并且与总的闪电活动相独立，显示出显著的闪电季节性（夏季）。2000—2007年，GBT上56%的负上行闪电，是在寒季（秋和冬）观测到，而44%是在暖季（春和夏）。在其他地理区域，高建筑物上的上行闪电的季节特征可能与在GBT上观测的有很大不同。

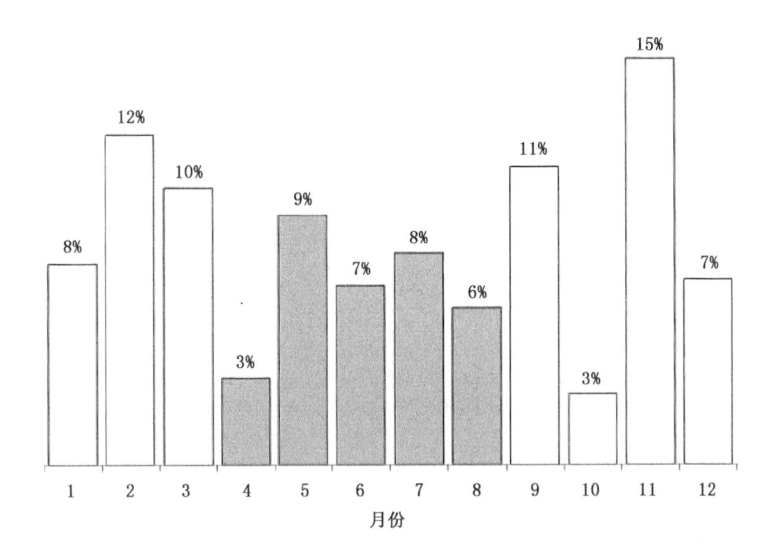

图 8.1　2000—2007 年 Gaisberg 塔上观测到的闪电活动月分布(Diendorfer et al. ,2009)

阴影柱状图表示对流季节(4—8 月),无阴影柱状图为寒(非对流)季(9 月至次年 3 月)。

8.5　上行负闪电的一般特征

上行负闪电是由物体顶部的上行正先导引起的(见图 2.1b)。物体产生负闪电总是包含一个初始阶段(IS),可能有或没有下行先导—上行回击(RS)序列过程。这后面的过程与自然下行闪电继后的先导—回击过程以及火箭触发闪电的下行先导—上行回击过程相似。图 8.2 是在 ICC 上叠加有 3 个电流脉冲、在一段无电流时期之后跟随初始阶段有 2 个回击的上行闪电的整个电流波形。

具有回击的上行闪电的百分比,帝国大厦为 50%(HageNguth et al. ,1952),圣萨尔瓦多山为 20%～25%(Berger,1978),Ostankino 电视塔为 27%(Gorin et al. ,1984),Gaisberg 塔为 30%(Diendorfer et al. ,2009)。有趣的是,火箭触发闪电的百分比尤其高,达到 70%～75%(Wang et al. ,1999),另一方

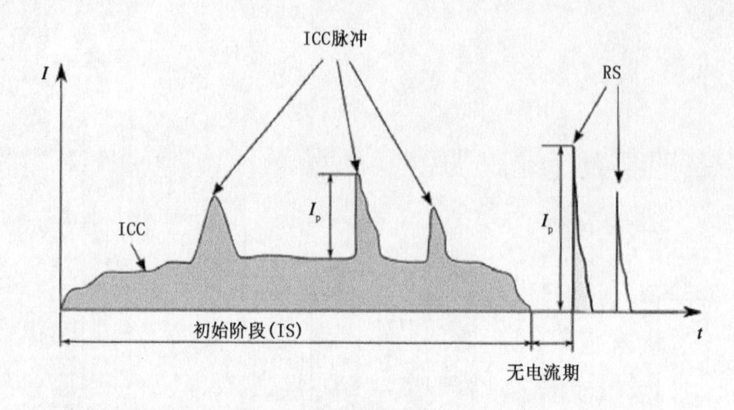

图 8.2　上行闪电的电流记录波形图(Diendorfer et al,2009)
图中标记的是初始连续电流(ICC),叠加有 3 个初始连续电流脉冲,
一段无电流流动期和 2 个回击(RS)。

面,从 2000 年至 2009 年在 Gaisberg 塔上记录的 457 个闪电中的 50%(不含 2 kA以下的弱脉冲)叠加在 ICC 上或者跟随着 ICC 的脉冲峰值。物体上起始闪电的初始阶段与火箭触发闪电的初始阶段相类似。在某种意义上,初始阶段代替了自然下行闪电的下行梯级先导—上行回击序列过程(首次回击)的特征。表 8.2 总结了物体起始的和火箭触发的负闪电初始阶段的整体特征。

表 8.2　自然上行的和火箭触发的负闪电初始阶段的整体特征(几何平均值)
(Miki et al. ,2005; Diendorfer et al. ,2009;Diendorfer et al. ,2011)

数据集	样本大小	持续时间(ms)	转移电荷量(C)	平均电流(A)	作用积分($\times 10^3$ A^2s)
火箭触发闪电,佛罗里达	45	305	30.4	99.6	8.5
Peissenberg 塔,德国	21	290	38.5	133	3.5
福井烟囱①,日本	36	>82.5	>38.3 (>36.8)	465	40 (34)
Gaisberg 塔,奥地利(2000)	74	231	29.1	126	1.5
Gaisberg 塔,奥地利(2000—2007) (Diendorfer et al. ,2011)	457	266 (N=431)	33	113 (N=431)	7.0

①圆括号里的值由限制为 2 kA 的电流数据计算得到,为了使得福井数据(电流测量上限值为 13 kA)可与其他数据集(电流测量上限值为 2～2.1 kA)相比较。

Diendorfer et al. (2009)分析了上行负闪电的 3 个类型，也就是 ICC_{RS}（ICC 之后跟随有一个或更多的 RS）、ICC_P（ICC 之后没有 RS，但是有一个或更多的大于 2 kA 的 ICC 脉冲）和 ICC_{only}（ICC 之后没有跟随 RS，也没有大于 2 kA 的 ICC 脉冲发生）。ICC_P 放电转移电荷量的几何平均为 69 C，是 ICC_{only} 闪电(21 C)的 3 倍多。GBT 上测量的一次闪电转移电荷的最大值为 405 C，1.5%(10/625)的闪电转移电荷超过 300 C，转移电荷量比较大的所有闪电都发生在寒季(Diendorfer et al. ,2011)。

8.6　负上行闪电中的脉冲电流

ICC 脉冲的参数。 在许多情况下，初始阶段含有叠加在缓慢变化的连续电流上的电流脉冲(见图 8.2)。一些脉冲具有千安培级别，具有可与小回击电流峰值相比的峰值。火箭触发闪电中的初始阶段脉冲与回击之后的 M 分量脉冲的对比统计表明，这两种脉冲都源于相似的物理过程(Wang et al. ,1999)。另一方面，物体上起始的闪电初始阶段脉冲比火箭触发闪电的初始阶段脉冲表现出更大的峰值、更短的上升时间和更小的半峰值宽度(见表 8.3)。

表 8.3　向上起始的闪电的初始阶段电流脉冲的参数(几何平均值)和火箭触发闪电 M 分量的电流参数(Miki et al. ,2005)

数据集	样本大小	幅度(A)	持续时间(μs)	上升时间(μs)	半峰值宽度(μs)
福井烟囱，日本	231	781	514	44.2	141
Peissenberg 塔，德国	124	512	833	60.9	153
Gaisberg 塔，奥地利	348～377	>377 (N=351)	1199 (N=377)	<110 (N=344)	276 (N=348)
火箭触发闪电，佛罗里达	247～296	113 (N=296)	2590 (N=254)	464 (N=267)	943 (N=247)
火箭触发闪电 M 分量，佛罗里达	113～124	117 (N=124)	2100 (N=114)	422 (N=124)	816 (N=113)

Flache et al.(2008)分析了德国 Peissenberg 塔起始的上行闪电的高速摄像图,发现 86%(6/7)具有更短上升时间的 ICC 脉冲,在新的发光分支里发展,而 96%(25/26)具有更长上升时间的 ICC 脉冲发生在原先的通道。这些结果支持了假设,即更长上升时间表示电荷转移到地的 M 分量模式,而更短上升时间与(主要由)先导－回击模式有关(控制)。Zhou et al.(2011b)提出了 ICC 脉冲转移电荷到地的术语——“混合模式”,以前被 Flache et al.(2008)称为“先导－RS 模式”。在混合模式中,通道中的先导－RS 序列过程与沿另一通道到地的连续电流过程同时发生。混合模式通常与相对低水平的上行分支有关,这种分支在物体上起始的闪电中普遍存在,而在佛罗里达火箭触发闪电中不常见。因此,混合模式概念可以解释如 Miki et al.(2005)报道的那样,物体上起始闪电的 ICC 脉冲比火箭触发闪电的 ICC 脉冲具有更大的峰值、更短的上升时间和更小的半峰值宽度的特征。

回击的参数(峰值电流和转移电荷)。上行闪电中的回击被假定为与自然云地闪的继后回击类似。表 8.4 所示是自然上行(物体上起始的)、自然下行和火箭触发闪电的回击电流峰值(kA)和转移电荷(库伦)的对比。

表 8.4　自然上行、自然下行和火箭触发闪电回击的峰值电流和转移电荷量

	文献	位置	样本大小	峰值电流(kA)	回击电荷量(C)
自然上行闪电回击	Diendorfer et al.,2009	Gaisberg 塔,奥地利	615	9.2	0.51
	Fuchs et al.,1998	Peissenberg 塔,德国	35	8.5	
	Gorin et al.,1984	俄罗斯	58 76	9 18①	
	Berger,1978	圣萨尔瓦多山,瑞士	176	10	0.77 (N=579)
	Hagenguth et al.,1952	帝国大厦,纽约	84②	10	0.15 (N=83)③

续表

	文献	位置	样本大小	峰值电流(kA)	回击电荷量(C)
自然下行闪电回击	Anderson et al.，1980	瑞士	114	12	
	Berger et al.，1975	瑞士	135	12	0.95 (N=117)
火箭触发闪电回击	Schoene et al.，2009	坎普布兰丁，佛罗里达	144	12.4④	1.1⑤ (N=122)
	Fisher et al.，1993	肯尼迪航天中心、佛罗里达和阿拉巴马	45	13	
	Depasse，1994	佛罗里达 法国	305 54	12.1 9.8	— 0.59(N=24)

①由于塔上瞬态过程引起的高估。

②84 次回击中的 2 次是正极性的。

③样本包含一个或两个正极性的回击。电荷量只计算到波形尾部半峰值处。

④几何平均值。

⑤在 1 ms 内转移电荷量的几何平均值。

在瑞士 124 m 高的 Säntis 塔上获得了直接电流测量(Romero et al.，2012a，2012b，2012c，2013a，2013b)。在实验的头两年，记录到超过 200 个闪电(其中大约 30 个是正的)，它们似乎都是上行的。2034 个负电流脉冲峰值大于 2 kA、上升时间小于 8 μs，平均峰值电流为 6 kA(其中一些叠加在连续电流上)。

8.7　上行正闪电的特征

上行正闪电通常有一个上行负先导，起始于高建筑的顶端(见图 2.1d)。Berger 及合作者是首次展示正闪电综合研究的人，包括上行和下行正闪电(Berger et al.，1975；Berger，1978)。之后，对上行正闪电的系统性研究很少被报道(例如，Garbagnati et al.，1982；Fuchsetal，1998；Heidleretal，2000)。

Miki(2006)展示了在日本福井烟囱上进行的上行正闪电电流和光学的同

步观测。Miki et al.(2010)还观测到16个起始于日本海沿海区域的尼康库根风电场的风汽轮机的上行正闪电。GBT上的上行正闪电占2000—2009年间记录的总闪电的4%(26/652)(Zhou et al.,2012),73%(19/26)的上行正闪电发生在非对流季节。在Säntis塔上,2010年6月—2012年1月间,大约15%(30/201)的闪电是正极性的(Romero et al.,2012b),大多数正闪电记录于夏季(23个在6—8月,6个在5月,1个在1月)。Ishii et al.(2011)于2008—2011年间在日本25个点的风汽轮机上测量了304个电流波形(在5—9月没有记录到数据),21%的电流是正的。Wang et al.(2012)报道,日本冬季36个击中风车或雷电防护塔的上行闪电中,11%是正极性的。

在上行正闪电中,观测到叠加在初始连续电流上高重复率的电流脉冲。Zhou et al.(2012)推断与上行负梯级先导过程有关,与Miki et al.(2011)报道的高速摄像观测一致。Miki et al.(2011)和Zhou et al.(2012)都指出,估计上行负梯级先导通道的电荷密度为mC/m量级,这比应用在先导传输模式中的电荷密度要大很多。表8.5给出了不同研究者报道的上行正闪电的闪电参数。

表8.5 上行正闪电的电流参数(平均值,圆括号内数字为样本大小)

文献	地点	峰值电流(kA)	闪电持续时间(ms)	转移电荷量(C)	作用积分($\times10^3 A^2s$)
Berger,1978	Berger's塔,瑞士	1.5 (132)	72 (138)	26 (137)	—
Miki et al.,2010	尼康库根风电场,日本	6.5 (16)	40 (16)	30.2 (16)	—
Zhou et al.,2012	Gaisberg塔,奥地利	5.2 (26)	82 (26)	58 (26)	160① (26)
Romero et al.,2013b	Säntis塔,瑞士	11 (30)	80 (30)	169 (30)	390 (30)

①Zhou et al.(2012)给出的作用积分值($0.16\times10^3 A^2s$)为印刷错误。

由表8.5和表8.2的对比可知,除了Säntis塔上的闪电,上行正闪电的平均转移电荷与上行负闪电初始阶段的转移电荷相当,而上行正闪电具有更短的持续时间，这表明上行正闪电具有更高的平均电流。要注意的是，表 8.5 中的平均作用积分，比上行负闪电初始阶段的要大得多（见表 8.2）。

8.8　上行双极性闪电的特征

双极性闪电被定义为这样的闪电事件：即在通道底部测量的电流波形，在同一次闪电中表现出了极性反转。McEachorn（1939）在纽约帝国大厦测量中，首次报道了这种闪电。随后，Hamgenguth et al.（1952）展示了 10 年观测中的 11 个双极性闪电。Berger（1978）于 1963—1973 年，在瑞士圣萨尔瓦多山上观测到 1196 个闪电，其中 6%（68）为上行双极性闪电。et al.（1984）报道了起始于莫斯科 Ostankino 塔上的上行闪电，6.7%（6/90）是双极性的。Heidler et al.（2000）在德国 Peissenberg 塔上观测到 2 个双极性闪电。Miki et al.（2004）在日本福井烟囱上观测到 213 个上行闪电中，有 20%（43 个）是双极性闪电。Wang et al.（2008b）报道在风车及雷电防护塔上观测到 3 个上行双极性闪电。Ishii et al.（2011）于 2008—2011 年，在日本 25 个点的风汽轮机上测量到 304 个电流波形，6%的电流是双极性的（在 5—9 月没有数据被记录到）。Wang et al.（2012）报道，日本冬季 36 个击中风车或雷电防护塔的上行闪电中 25% 是双极性的。

Zhou et al.（2011a）分析了 2000—2009 年，在 Gaisberg 塔上观测到的 21 个上行双极性闪电，双极性闪电占 3%（21/652），并且其中 62%（13）的双极性闪电发生在非对流季节（9—3 月）。根据 Rakov et al.（2003）的分类，21 个双极性闪电中 13 个（62%）属于与初始电流阶段极性反转相关的类型Ⅰ，5 个属于与初始阶段 IS 电流和随后回击的不同极性相关的类型Ⅱ，1 个属于与跟随 IS 相反极性的回击相关的类型Ⅲ，2 个不属于以上 3 类中的任何一类。与其他研究的观测一致，初始的极性反转中，由负的转换为正的占 76%（16/21），比从正的转换成负的更频繁。总的绝对电荷转移分别为 99.5 C 和 125 C，闪电持续时间分别为 320 ms 和 396 ms(几何平均和算术平均)。

Fleenor et al. (2009)和 Jerauld et al. (2009)报道,双极性上行起始的闪电与下行双极性闪电不同。到目前为止,对双极性闪电的物理过程的认识,仍不如负的或者正的闪电。对高塔的闪电电流持续观测,应当会在不久的将来提供更宽的视野。至少当考虑高建筑物时,双极性闪电特征与正闪电相似(Rakov,2005)。

8.9 小结

位于平地的高物体(高于 100 m)和位于山顶的中等高度(几十米)的物体,主要经历上行先导引起的上行闪电放电。上行的(物体上起始的)闪电放电通常含有一个初始阶段,可能有或没有下行先导—上行回击序列过程。初始阶段电流常常叠加有峰值为几十至几千安培(偶尔几十千安培)的脉冲。物体上起始的闪电可能与非对流季节的下行闪电相对独立地发生。观测到在几个小时内数个闪电频繁地从高物体上起始,Diendorfer et al. (2006)报道,2005 年 2 月(冬季)一夜之间 Gaisberg 塔上的 20 个负闪电转移了超过 1800 C 电荷到地面。在高物体上,双极性闪电发生的可能性是与正闪电大约相等的。下行闪电与高度复杂的上行闪电之间的观测差异的可能原因是起始于塔顶的先导的多个上行分支,以及在物体之上接近电荷区域的相对短的上行先导通道。

第 9 章　雷电参数的地域和季节变化

9.1　简述

关于雷电参数，尤其是首次回击峰值电流是否依赖于地理位置的问题，在许多年前被提出过(例如，Anderson et al. ,1980;Pinto et al. ,1997) 。然而，一方面是难以获得具有显著性的统计样本数据；另一方面，目前在不同地区观测所用的仪器以及数据分析方法各有差异。因此，到目前为止也缺乏确凿证据来支持这一观点。

这一章，我们将会讨论地理位置和季节变化对负地闪雷电参数的影响。以下 3 点是本章讨论的重点：(1)回击峰值电流和上升时间(包括首次回击和继后回击)的影响；(2)闪电多回击，回击间隔时间，每次闪击的通道数量；(3)连续电流(强度和持续时间)。至于负地闪的其他参数，比如 M 分量和回击速度，目前并无足够信息进行可靠分析。

对于正地闪的参数，由于数据缺乏，很难做出其依赖地理位置的可靠分析。值得一提的是，除了这个事实，有证据显示正地闪的某些参数可能和雷暴类型有关；而且在日本海的沿海地区，已经观测到不同季节出现的不同电流波形(Rakov et al. ,2003)。假设不同地区雷暴的普遍类型不一样，上述数据就说明正地闪参数受地理位置影响。此外，本书 2. 8 节中，Rakov et al. (2003)介绍了雷电与季节、位置和雷暴类型的关系。

众所周知，落雷密度(Pinto et al. ,2007;Orville et al. ,2011)及其极性(Rakov et al.，2003；Orville et al.，2011）随着地理位置和季节的变化会呈现较大的差异性，但雷电其他参数是否也是如此，仍是争议性的话题。此争议在许多年前已在学术界讨论过，它是雷电特征复杂性和雷电探测技术固有局限性的结果。在判定雷电参数的地区性或气象特征的变化前，必须保证在不同地区研究所用仪器和数据处理技术拥有相似的功能，这样才能在不同的衡量标准下进行有意义的比较和分析（Rakov et al.，1994）。尽管任何技术都有其局限性，但对于一些特定的雷电参数来说，这多少还是会有影响的。正因为如此，当用不同的技术比较不同的探测结果时就要特别注意。另一个重要因素，与给定变量的数据统计显著性水平有关（Rakov et al.，2003）。同样，在进行地闪雷电参数分析时，把上行闪电和云内闪电排除掉也是很重要的。在某些情况下，对于测量技术来说，这是相当困难的。

从物理学的角度看，雷电参数的地理差异性和季节变化，是由雷暴电荷结构的变化导致，而电荷结构又与地理或季节有关。雷电参数的“地理变异”与纬度，经度及其他地形结构有关。雷电参数的“季节变化”则与温度、湿度、大气环流及其他气象特征有关。

要全面理解雷电参数的给定变量，我们就必须理解这个变量在雷暴结构术语中的解释。但是，在某些情况下，涉及的过程很复杂，这使得很难理解变量的产生原因。因此，要得到比较可靠的结果，必须有详细的数据分析和严格的技术评估。

鉴于以上所提的难点及考虑到此章的目的，目前所得出的结论只局限于负地闪。以下将分成3个部分描述变量：（1）回击峰值电流和上升时间；（2）闪电多回击，回击间隔时间，每次闪击通道数量；（3）连续电流的强度和持续时间。关于这些变量目前还没有全面的文献资料。相反，我们着重于用相同的技术，对近期不同地区的探测结果进行比较。同样，也包括在相似的技术基础上所做的观测，这样我们就得到了大量的样本。Rakov et al.（2003）以及 CIGRE 376（2008）报告，对当前结果进行了综合性总结。

关于澳大利亚雷电的季节性规律已在第 8.4 节中讨论。

9.2　回击峰值电流和上升时间

直接电流测量。 高度较低的观测塔能够精确的测量首次和继后回击峰值电流以及上升时间。然而，在许多研究中，因数据太少而没有多大的统计意义。此外，测量变化的峰值电流和持续时间会受一个又一个仪器仪表或数据分析差异的影响。同时，当地的地形也会影响塔的等效高度。

大部分的首次回击和继后回击电流波形数据是在不同地区、高度相对较矮的观测塔上获得的，瑞士的圣萨尔瓦多山（101 个负闪电，Berger，1967，1975），意大利的福利尼奥和蒙特奥萨（42 个负闪电，Garbagnati et al.，1982），巴西的卡欣布山（31 个负闪电，Visacro et al.，2004）。另外，Takami et al.（2007），在日本 60 个输电线塔上测量到 120 个负闪电（首次回击）。其他塔测量的样本数量较少，在这里就不讨论了。

瑞士塔和意大利塔已不再使用，巴西塔从 1985 年运行到 1998 年（13 年），2007 年升级后重新运行（更多的信息见第 3.2 节）。升级后取得的样本较少，这里不再分析，但是我们对新的观测给出了一些意见。表 9.1 给出了上述提及数据的峰值电流中值，罗列了这些观测中的一些有趣的结果。

表 9.1　在不同观测塔上的首次回击峰值电流计算中值

地点	峰值电流(kA)	样本数
瑞士	30	101
巴西[1]	45	31
日本	29	120
意大利	33	42

①如果考虑 2007 年升级后的观测结果，巴西的值不会改变（Visacro et al.，2010）

(1)在巴西,夏天的峰值电流跟其他季节一样,但在瑞士,夏天的峰值电流比其他季节高出 20%。这表明峰值电流可能对季节有依赖。

(2)从 1985 年至 1998 年巴西的观测值来看,没有低于 20 kA 的。该事实说明巴西的观测值相对较大(相比 K. Berger 给出的瑞士的观测值要高出 50%),如表 9.1 中所示。然而,在 2007 年之后低于 20 kA 的电流值也被测到过(Visacro et al. , 2010)。

(3)日本测量到的峰值电流大于 9 kA。

(4)在所有观测中,都有可能被上行闪电干扰到,因此单从电流波形很难做出判定。显然,对首次回击电流需要额外的测量。

闪电定位系统对首次雷击峰值电流的估算。闪电定位系统给出首次回击的峰值电流有很大的不确定性。尽管存在这些不确定性,相对全年峰值电流的变化,闪电定位系统的数据可以显示参数对季节的依赖。Pinto et al. (2006)利用美国 NLDN 和巴西东南部的 RINDAT 探测网,研究了负地闪的峰值电流的年际变化,发现这两个探测网络的年际变化不到 10%(见图 9.1)。

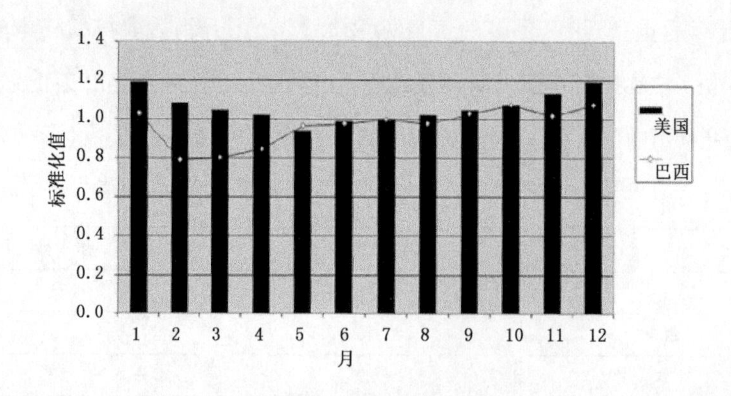

图 9.1 负地闪首次回击峰值电流归一化月平均,观测资料源自巴西东南部的 RINDAT 及 NLDN,资料时段分别为 1998—2005 年及 1989—1999 年(Pinto et al. ,2006)

Saraiva (2011)表示(基于有限数据的分析)35 dBZ 的高度从 8 km 增加到 15 km 时,负闪峰值电流增加 10%,这个预测需要较大的数据样本来证实。

首次回击上升时间。首次回击上升时间 T－10，定义为观测塔上首次回击电流从 10％到 90％的上升时间。表 9.2 显示了在瑞士(Berger et al.，1975)、巴西(Visacro et al.，2004)、日本(Takami et al.，2007)和意大利 (Garbagnati et al.，1982)等地获得的上升时间的中值，差异小于或者在标准误差内，表明对地理位置没有依赖性。

表 9.2　在不同塔测量的首次回击上升时间中值

地点	上升时间 T－10(μs)	样本数
瑞士	4.4	101
巴西①	5.6	31
日本	4.8	120
意大利	7.2	42

①如果将 2007 年后的值考虑进来(包括 2007 年，$n=7$)，巴西的值更改为 5.1 μs (Visacro et al.，2010)。

继后回击。表 9.3 显示了在瑞士，巴西和意大利的回击峰值电流和继后回击上升时间中值。峰值电流测量的差异比较大，而上升时间的差异小于标准误差。

表 9.3　在不同塔上测量的回击峰值电流和继后回击上升时间中值

地点	峰值电流(kA)	上升时间 T－10	样本数
瑞士	12.0	0.9	135
巴西①	16.3	0.7	59
意大利	18.0	0.9	33

①如果包括巴西 2007 年(包括 2007 年)之后($n=12$)的数据，峰值电流和继后回击上升时间分别为 17.5 kA 和 0.6 μs. (Visacro et al.，2010)。

上述数据表明，在不同地理位置，首次回击和继后回击峰值电流变化差异不大。然而，我们也不能排除所观测到的一部分变化，是来自于观测设备或数据分析的可能性。更多的测量是必需的。我们将会证明地理位置对于上升时间的变化没有影响。

9.3 闪电多回击、击间间隔以及闪电通道数

闪电的多回击和击间间隔。高速摄影机和毫秒量级的电场与磁场记录，能够精确地记录闪电的多回击，击间间隔以及每次闪电的通道数量。Saraiva et al.(2010)在美国亚利桑那州和巴西圣保罗，使用相同的高速摄影机研究了负地闪的多回击。图 9.2 给出了这两地单次地闪包含回击次数的对比。可以发现，给定回击次数的闪电比例在这两个地区非常相近，另外，二者的闪电中具有2 次回击的闪电所占比例最大。具有单次回击的地闪比例在两地也基本相当(大约为 20%)，且平均每次地闪的回击次数在两地区都为 3.9。

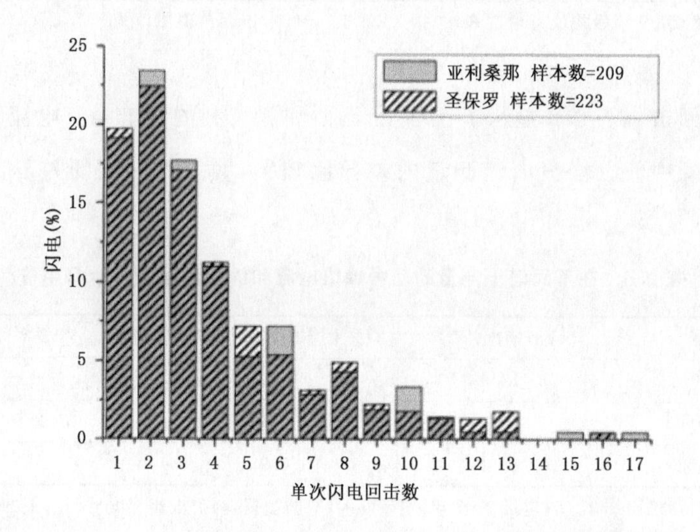

图 9.2 在亚利桑那州和圣保罗观测到的每次具有不同回击次数的闪电比例(Saraiva et al.,2010)

用足够高的时间分辨率进行电场测量是获得精确值的另一可行技术。Cooray et al.(1994)在斯里兰卡使用过这一技术进行观测，Cooray et al.(1994)在瑞典进行的观测和 Baharudin et al.(2012)在马来西亚的观测也使用了该技术。还有 Rakov et al.(1990a,1990b)及 Thottappillil(1992)曾同时在佛罗里达利用

电场测量和多站摄像进行观测。Ballarotti et al.(2012)对这些观测进行总结。所有结果表明具有单次回击的闪电比例是相似的，而闪电的回击次数也都在3～5次(详细数据可见表2.1)。

然而，Saraiva(2011)根据不同雷暴类型，对亚利桑那州和圣保罗地区的闪电回击数据进行了分类处理，发现在两地雷暴之间的闪电参数都存在明显的差异。这和过去在俄罗斯地区观测到的结果是一致的。奥地利(Diendorfer et al.,1998)，美国(Orville et al., 2002,2011;Rakov et al.,2003)的闪电定位系统观测以及美国的慢旋转条纹相机观测(Kitterman, 1980)结果均显示：不同雷暴对应的闪电多回击有着显著的差异。Saraiva(2011)认为负闪击的多回击可能与主雷暴云内负电荷区的水平范围有关(由－10 ℃处反射率为35 dBZ的等值线包含的面积评估得到)。不同地区闪电的多回击的差异可能与这些地区不同类型雷暴发生的频率有一定的关系，这有待更多的相关研究去验证。

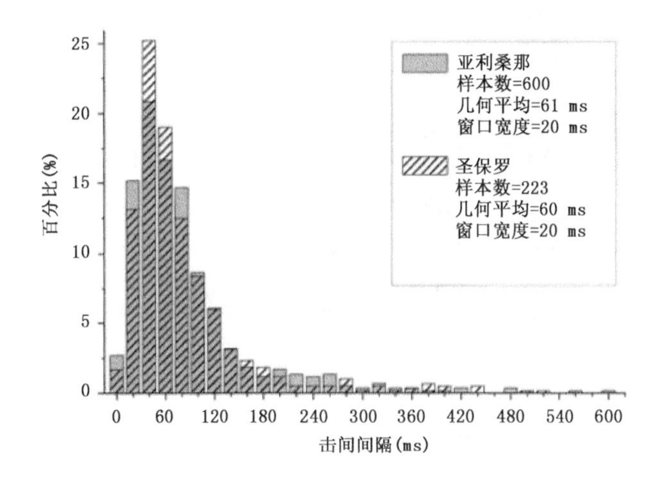

图9.3 亚利桑那州和圣保罗地区闪电击间间隔分布(Saraiva et al.,2010)

Saraiva et al.(2010)利用高精度回击计数技术，给出了不同地区负地闪的击间间隔(见图9.3)。利用高速摄像对亚利桑那州和圣保罗地区的1210次回击击间间隔进行了研究，得到击间间隔时间介于几毫秒到782 ms，而两地区的击间间隔的几何平均值基本上都在 60 ms 左右。许多学者公布的平均击间间隔时间也都在 60 ms 左右(Shindo et al.,1989;Cooray et al.,1994;Rakov et al.,1994;Saba et al.,2006)。该结果也与 Schulz et al.(2005)利用奥地利 10 年的闪电定位数据给出的结果是一致的。

单次地闪的通道数。不同地区单次地闪的平均接地点数是另一个被研究的参数。Saraiva et al.(2010)对亚利桑那州和圣保罗地区的观测发现,在 344 次地闪中,大约有一半的地闪会有一个或多个接地点(通道接地)。图 9.4 给出了这两个地区地闪接地点数的统计分布,二者结果很相似,平均的接地点数目都为 1.7。该结果与佛罗里达和新墨西哥得到的数值是一致的(Rakov et al.,1994)。关于单次地闪的通道数目在第 2.7 节中有补充说明。

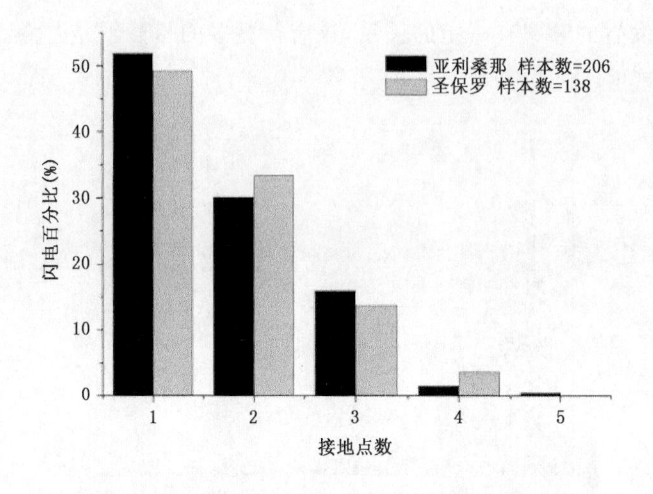

图 9.4 亚利桑那州和圣保罗地区给定接地点数的闪电比例(Saraiva et al.,2010)

9.4 连续电流强度和持续时间

利用已有三项观测中得到的有关电场的大样本数据,对负地闪连续电流强度和持续时间进行了研究。这三项观测分别是在新墨西哥(Brook et al.,

1962)，佛罗里达(Shindo et al.，1989)以及巴西圣保罗(Ferraz et al.，2009)进行的。我们将在图 9.5 中对这三次观测进行比较。图 9.5 引自 Ferraz et al.(2009)的数据，用相对较短的时间衰减常数进行了补偿。斜线分别代表美国(50 A)和巴西(800 A)的平均连续电流强度。

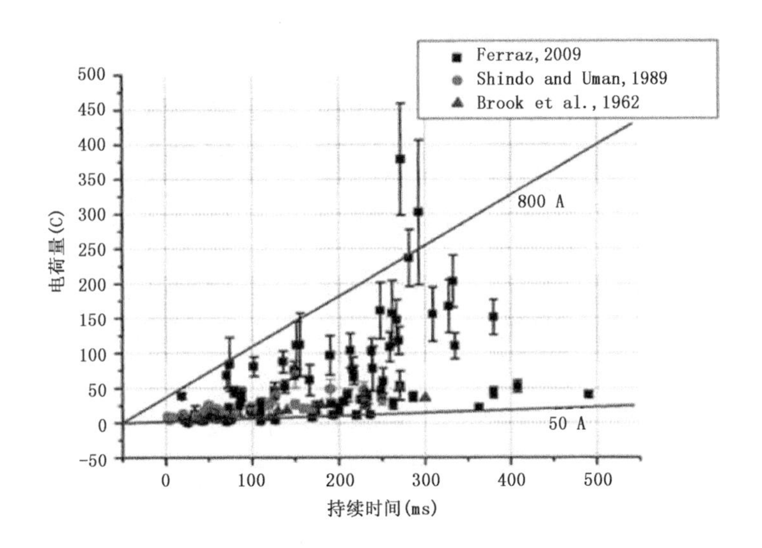

图 9.5　电荷量与负闪连续电流持续时间(Ferraz et al.，2009)

结果表明，巴西的平均连续电流强度大于美国。但是要得出一个明确的结论还需要其他地区更多的观测数据。

图 9.6 和图 9.7 显示了亚利桑那州和圣保罗地区的连续电流持续时间分布。这些数据是通过雷击通道亮度的持续时间推断出来，所有数据都是利用高速摄影机得到。图 9.6 显示的是超短连续电流和短连续电流持续时间的分布。唯一值得注意的是，在亚利桑那州和圣保罗地区的连续电流的差异主要出现在 12～40 ms 的区间内(短连续电流)，而这极可能是数据样本太少造成的。图 9.7 给出了长连续电流持续时间的分布，约占总数据的 10%。

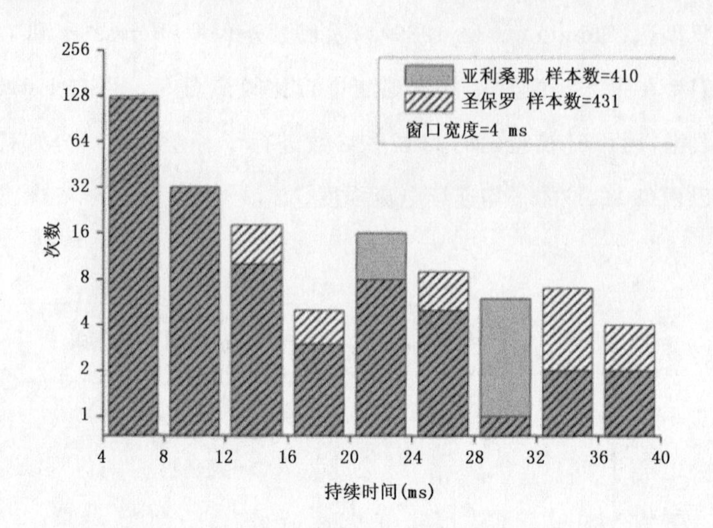

图 9.6 亚利桑那州和圣保罗地区的超短和短连续电流持续时间分布(Saraiva et al. ,2010)

分布非常近似,唯一的差异体现在持续时间为 12～40 ms 的短连续电流上。

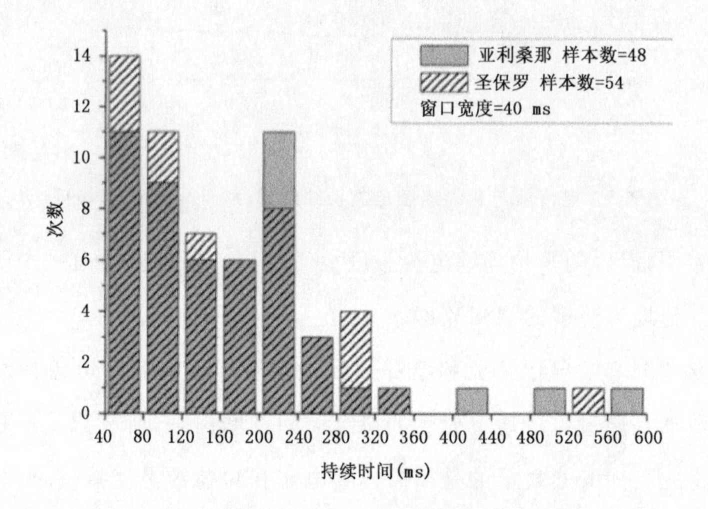

图 9.7 亚利桑那州和圣保罗地区的长连续电流持续时间分布(Saraiva et al. ,2010)

两种分布没有明显的差异。

总之,在不同地区利用相同技术获得的可用数据表明,连续电流的持续时间跟地理位置没有任何关系。

9.5　小结

根据已有文献的有效信息来看，没有证据表明负地闪参数依赖于地理位置，除了电流强度变化可能与地理位置有关外（包含首次回击和继后回击峰值电流），但是显著性检验水平低于 50%，从工程角度看，可能需要考虑地理位置的差异。然而需要注意的是，电流测量中的差异不排除是由“地理位置”以外的原因导致的，特别注意那些样本数量较少的观测结果。同样，也没有可靠的证据表明与季节变化有依赖关系。综上所述，目前没有充分的信息足以证实或反驳关于负地闪参数受制于地理位置或者季节的假说。显然，也会存在特殊情况，例如，Miyake et al. (1992)在日本冬季沿海岸地区观测到大的、长持续时间的电流波形。但需要进一步的研究来澄清，这种特殊情况是代表某一地区的闪电特性还是正常情况下的极值。

第10章　工程应用所需的雷电参数

本章作为一个“桥梁”，对前面章节中阐述的雷电参数以及现有标准和其他文献中关于这些参数的特殊应用起到衔接作用。本章不是详细描述雷电参数是如何作为各种应用程序的输入参量，而是为了如何引用相关的CIGRE手册、标准以及发表论文作为参考的。

10.1　简述

闪电参数在不同领域的研究和工程中都有应用，如航空器、建设和石油工业工程、电网和风力涡轮机组件。每个行业遵循特定的雷电防护标准。几个方面已经由以前的技术手册CIGRE 63(1991)、118(1997)、172(2000)、360(2008)、287(2006)、441(2010)的报告中提到。例如，通过Cooray et al.(2011)和其他工作组正在进行的工作(工作组C4.408低压网络的防雷，工作组C4.409的风力涡轮叶片防雷，工作组C4.410闪电击中非常高的建筑的特点，工作组C4.23评估输电线路雷电性能的程序指南，工作组C4.26对超高压和特高压直流和交流输电线路闪电防护的评价方法)。本章的目的，是简要总结影响电力工程计算的主要闪电参数和一些文献的研究成果。

本章首先考虑一些对闪电参数方面的影响。其次介绍CIGRE手册第172页(2000年)的构成，着重于电网，包括输电线路、配电线路的防护，避雷器和浪涌保护器的测试以及地面(变电站)的防护装置。此外，回顾在设计普通建筑物时所需的雷电参数。对于一些其他对象和系统，包括航空器、风力涡轮机和电子电路，本章暂不讨论。

10.2　通则

在考虑应用特定程序中所需的闪电相关参数时，Visacro(2012a)认为闪电产生的一些效果，也影响相关的闪电参数。

雷电对电厂(其他对象和系统)的影响有两种不同的观点：一种认为要考虑可能造成的物理损害或操作故障，一种认为要考虑可能发生的频率。

地闪密度(见2.4节)通常被认为是一个地区闪电活动的特征，而不作为一个闪电参数考虑。迄今为止，它是与任何类型的地面设施防雷应用程序最相关的因素(见2.4节)，“雷击物”潜在的风险几乎与地闪密度成正比。

有一种趋势，通过地闪回击密度或地面回击点密度取代地闪密度，两者都可以从LLS提供的数据获取。在那些与首次和继后回击效应相关的应用，地闪密度是需要的，特别是受附近闪电的影响。由于雷电在地面产生多个接地点(见2.7节)，地面回击点密度也可以采用当地已知的地闪密度获知，校正系数为1.5～1.7。Bouquegneau et al.(2012)提出了一个用于雷击风险评估的校正系数，其值为2。

雷击影响的严重程度，取决于雷电活动的特点和“雷击物”(电气系统或建筑)受到闪击时的响应。关注上述论点，需要考虑的一个基本观点是，最具破坏性的闪电源自雷电流的影响，Visacro(2012a)已给出相关结论。直接击中“雷击物”是最严重的事件。但更多的情况与闪击点附近的电磁场耦合有关。因此，考虑在不同类型的雷电事件中，电流特性是最为重要的。在平坦地面，对于最常见的下行负地闪而言，其首次和继后回击电流表现为大幅值、短时间的脉冲，继后回击后经常出现的连续电流表现为低幅度、长持续时间的慢变化，且通常叠加有M分量。首次和继后回击的脉冲有很大的不同(见第3章)。首次回击始于一个凹面在半峰值周围突然上升，产生第一个峰值。紧随其后的是第二个峰值，通常高于第一个。然后，在电流缓慢衰减的过程中会伴随一些次峰出现，一般在1～3 ms后停止（Visacro et al.，2010）。类似的情况可以在测量远程雷电电场中观测到（Krider et al.，1975）。

在图3.3中和Visacro（2005）给出了典型的首次回击的双峰值电流波形。与首次负回击相比，大多数继后回击的电流为单峰值，上升时间以及半峰值时间更短，传输电荷更少。DeConti et al.（2007）利用Heidler函数（参见3.6节），提出了波形解析式的参数以及与继后回击相关的函数。根据表3.5，首次回击的最大电流脉冲、上升时间、半峰值时间和转移电荷量的中值分别是30 kA、5.5 μs、75 μs和5.2 C；继后回击相应的中值参数分别是12 kA、1.1 μs、32 μs和1.4 C。如第4章所述，下行负地闪的连续电流持续时间在几毫秒到几百毫秒之间，电流幅值从20 A到几千安培不等，但典型电流幅值在几百安培。尽管它们的振幅相对较小，但可以把大量云中电荷转移到地面，在一些情况下超过几百库仑。

第7章着重讲述了下行正地闪。我们发现，有关正地闪雷击事件的资料比较匮乏，另外，对于发生于山顶的雷击事件，回击目标对电流参数的分布可能会有一定的影响，如Berger et al.（1978）所述。通常正地闪只有一次回击，相对负地闪的首次回击，其峰值电流更大，时间参数更长。根据表7.3，峰值电流、上升时间、半峰值时间和转移电荷量的中值分别是35 kA、22 μs、230 μs和80 C。显然，如第4章中讨论，相比下行负地闪，正闪电中观测到的连续电流更大，持续时间也更长。

图8.2给出了典型的上行负地闪的电流记录，这类闪电通常包含一个初始强度相对较低、持续时间较长的连续电流过程（典型的平均值为100～500 A和80～300 ms，见表8.2）。多数情况下，在上行闪电的初始阶段，变化较慢的连续电流上叠加有电流脉冲，这些脉冲有些可以达到上千安培，这与一些小回击的峰值电流相当。其中，不到一半的上行负地闪的回击电流类似于继后回击的电流波形，幅值也相当。向上负地闪可以转移大量的电荷到地面，一般有几十个

库伦。向上正地闪事件比较少见，其能量远高于上行负地闪，见表8.5。

为了讨论雷电影响的严重程度，在电力工程的背景下，有必要对闪电造成破坏的两种类型加以说明，即伴随能量耗散过程中的物理损坏和绝缘失效后的过电压。

物理损坏。雷电流流入和流经“雷击物”回路耗散时产生的热量造成的破坏。与此效应关系最密切的雷电参数是比能量或作用积分。而“雷击物”的响应代表了其等效电阻。无论雷击事件类型和电流随时间变化（脉冲或连续电流）如何，耗散的能量以及与此相关的破坏大致可以用比能量乘以阻抗进行粗略估算。持续时间是一个非常重要的参数，在许多情况下，即便是小电流事件，但由于电流的作用时间较长，使得比能量很大，因此，造成的破坏依然比较严重。比如上行闪电和长持续时间的连续电流。另外，“雷击物”回路作为等效电阻也有重要作用，在雷击事件中，等效电阻的大小决定了破坏的程度。然而，对于等效电阻较低的“雷击物”，如金属导体也会受到损害，如经常发生的架空线光纤接地线电缆。对于这些特殊的案例，雷击破坏效应主要归因于长持续时间的连续电流，伴随转移的电荷被认为是与雷击破坏最为密切的参数，在闪电等离子通道与金属物体之间的交界面，所有的电流都具有恒定的电压降。

直接雷击的破坏是最严重的，因为附近雷击引起的感应电流通常表现为低幅值和短时间，因此除了一些低压系统与敏感组件，由于携带能量不足，很难造成破坏。在这种情况下，事故通常是由绝缘故障造成的。对于下行负闪电，首次和继后回击的比能量中值分别是 $5.5\times10^{4}\ A^{2}s$ 和 $6.0\times10^{3}\ A^{2}s$，如表3.5所示。而对于正极性回击对应的值为 $6.5\times10^{5}\ A^{2}s$，见表7.3。表8.2给出，在上行负地闪的初始阶段，比能量的几何平均值为 $1.5\times10^{3}\sim4\times10^{4}\ A^{2}s$。

过电压。直接雷击电气系统或附近的闪电都可能造成绝缘故障。这种破坏性放电是绝缘体上形成雷电过电压造成的。值得注意的是，闪络的发生要求过电压瞬时值持续高于额定阈值，在保持时间间隔足够长的情况下，完全取决于绝缘子的耐电强度。基本上只有回击脉冲电流能够导致电力系统产生如此高的过电压。因此，过电压波的振幅和波形是判断绝缘子发生闪络(或无闪络)的因素，这两个参数取决于雷电回击电流的幅值和波形。第6章讨论了雷击源带来的直接雷击和感应雷击效应问题。

对于直接雷击引起的过电压，电流峰值和波形起主导作用。波头的时间参数影响过电压峰值，半峰值宽度对过电压幅值有一定的影响，而波尾的幅值主要受“雷击物”参数影响，如地面连接的阻抗和雷击距离。在电力工程，雷电对高压输电线路的影响是一个主要关心的话题。通常，只有首次回击被认为是闪电引起绝缘故障的根本，因为它们的平均峰值电流是继后回击的2～3倍。Silveire et al. (2012,2013)研究结果表明，继后回击也可以引起故障和造成69～138 kV线路的停机。由于绝缘水平低，直接雷击对所有分布线路预计将导致闪络。

由于附近闪电感应，时变磁场感应到“雷击物”引起的过电压的幅值和波形，基本上取决于雷电流平均时间导数(Nucci et al.,1993;Silveria et al.,2009)。电流波在闪电通道内的延迟也会影响不同距离处的过电压，闪电通道内的电流元引起的过电压将会在不同时间到达“雷击物”。因此，峰值电流、上升时间、波形以及电流波在通道内的传输速度是最为重要的雷电参数。第3章讨论了电流的波形参数，第5章讨论了回击速度。最大电流陡度一般被认为是引起过电压的重要参数，虽然该参数对过电压有贡献，但可能有争议的是，它的持续时间太短是否能够显著影响过电压的幅值。

首次回击和继后回击是感应过电压最重要的部分，这是因为二者在波前都具有较大的电流导数。虽然首次回击的峰值电流约是继后回击的3倍，但后者的上升时间平均缩短了5～8倍。附近雷电引起的感应电压是造成配电线路故障的主要原因。鉴于此，正如Silveira et al. (2009)或Silveira et al. (2011)讨论的那样，配电线路中最大的过电压要么由首次回击引起，要么由继后回击引起。

由于回击电流的波形，首次和继后回击引起的感应过电压的波头比较陡峭，而峰值几乎是与电流峰值同时出现，然后，一旦地面处电流峰值过后，电流的时间导数将会减小，感应过电压将快速衰减。由于电流沿通道以一定的速度传输时会有延迟，因此衰减不是很快。地面以上电流元对感应过电压最大贡献的延迟时间由两部分组成，即电流波从连接点沿通道传播所需的时间加上电流元通过感应场传播到线路所需的时间。因此，对感应过电压最大贡献就是下部电流元的时间转换延迟了峰值后过电压的下降。总而言之，当电流波以一定的速度沿通道传播时，那些影响电流平均时间导数的参数，尤其是峰值电流、上升时间和波形是决定感应过电压幅值的重要雷电参数，也就是说，这些参数的综合作用决定了过电压。

第 10.3 节至第 10.7 节将讨论雷电测试程序规范、雷电防护设计中需要计算和表征的主要雷电参数。

10.3　输电线路

输电线路的保护，主要基于屏蔽线（或架空地线，OHGW）和避雷器产品的选择使用。一些特殊的方法，也被成功地用于提高雷电性能（IEEE 标准 1243—1997）。通常接地系统对保护手段的有效性具有很大影响。有效的屏蔽线保护的特点是低概率的屏蔽故障和反向闪络。CIGRE 文件和 IEEE 标准制定给出了用于这些概率评估的模式和程序。这两个参考文件分别是：

- CIGRE WG 33.01，Report 63.1991. 输电线路防雷性能评价程序指南（CIGRE 技术手册 63，1991）。
- IEEE　1243—1997，输电线路防雷性能提升指南。

CIGRE 技术手册 63（1991）给出了基于下行负地闪首次回击电流峰值的统计分布，如图 3.2 所示。Anderson et al.（1980）指出，这两个子分布（低于和高于 20 kA）可以被分别视为屏蔽故障和反向闪络的范畴。IEEE 1243—1997 采用了其中一个分布，在图 3.2 中给出。

屏蔽分析需要一个模型，该模型描述了对各种输电线路配置的影响。电气几何模型(EGM)被 CIGRE 技术手册 63(1991)和 IEEE 1243—1997 采用。回击距离 r 是 EGM 的基石,通常计算(相导体和屏蔽线)时,$r = 10 \times I^{0.65}$,其中 r 的单位是 m,首次回击峰值电流 I 的单位为 kA(例如,IEEE 1243—1997)。CIGRE还参考了先导传输模型(LPM)的模拟结果。Mikropoulos et al.(2010)分析了各种模型对架空输电线路最大故障电流的影响。CIGRE WG C4.405 已经总结了闪电拦截模型(Cooray et al.,2011)。屏蔽故障闪络率(SFFOR)的计算是基于相导体暴露面积乘以雷电流概率密度函数,并对雷电流幅值上下值之间的区间进行积分。上限定义裸露面积减小到 0。下限值的确定是基于对线绝缘电压和临界脉冲闪络电压(CFO)的评估。IEEE 的程序建议对线绝缘子的电压进行近似计算,该算法基于电晕下的导体浪涌阻抗和线路绝缘的 CFO 对临界电流的计算(Baldo et al.,1981;Darveniza et al.,1988)。IEEE 考虑了引起屏蔽失效的闪络,这些闪络是继后回击沿着亚临界首次回击相同的路径造成的,从而形成了一个额外的 SFFORS 项。CIGRE 采用一个简化的程序,只考虑首次回击峰值电流分布,但也提出了更复杂的程序:(1)考虑线路配置对整个线路的响应;(2)利用不同的方式计算线路的临界脉冲闪络电压。第一点可以用电磁瞬变程序(例如,Ametani et al.,2005;Martinez et al.,2005)或使用精细的电磁模型(例如,Visacro et al.,2005b;Soares et al.,2005)来代替线路响应。关于第二点,CIGRE 建议采用以下 3 种方式:(1)绝缘电压/时间曲线(类似于 IEEE 方法);(2)积分法(Witzke et al.,1950a,1950b;Akopian,1954;Jones,1954,1958;Rusck,1958;Caldwell et al.,1973;Alstad et al.,1979);(3)物理模型表示沿着线绝缘的起始电晕、流光和先导阶段(Pigini et al.,1989;Suzuki et al.,1977;Motoyama,1996)。

当雷击塔顶或架空地线,塔上的电流和接地阻抗引起塔上电压的升高。相当一部分塔和屏蔽线的电压是浪涌阻抗与相导体互相耦合的。塔和屏蔽线的电压远大于相导体电压。如果相导体与塔的电压差超过一个临界值,就会发生闪络,称为“反击闪络”或“后向闪络”。相应的产生这种闪络的最小雷电流称为

“临界电流”。闪络临界电流的计算取决于以下参数：

- 雷电流的幅值(通常是首次回击峰值)；
- 绝缘和空气间隙的闪络标准；
- 部分或全部绝缘子上的避雷器；
- 采用传输线模型，考虑避雷器保护绝缘子的附加耦合，对相和接地线之间的浪涌阻抗耦合进行评估；
- 电流波峰值处的陡度(di / dt)通常被假定为最大 di / dt；
- 波形，包括到达峰值的时间和到达半峰值的时间；
- 基础阻抗，受高频和土壤电离效应的影响；
- 塔电感或特性阻抗模型；
- 附近的塔和接地系统；
- 附近的电力系统组件(如变压器)。

有时还考虑了雷电通道电磁场对绝缘子电压的感应效应(Chowdhuri，2002)。塔上的电流流经相导体的感应效应已被多种途径进行了观测和模拟。

CIGRE 用以计算线路后向闪络率(BFR)的程序与 Hileman(1999)描述的一样，是专门计算临界电流和合成的 BFR 值。CIGRE 程序通过对雷击塔或架空地线的两种情况下的行波现象的描述，分析估计了反闪临界电流。BFR 是超过临界电流的概率乘以击中屏蔽线的闪电次数得出的，其中需要考虑的峰值电压和闪络电压都是雷电流到峰值的时间函数。IEEE 采用的方法是基于对线绝缘在两个特定时刻的电压估计(IEEE 工作组，1985，1993)，第一个评价只是考虑受灾塔的全冲击电压波形峰值(2 μs)，第二个评价是考虑相邻塔的波形尾部(6 μs)。为了估算后向闪络的临界电流，将这些值与线绝缘的电压一时间曲线值进行比较，并在双向传输时间内对 2 μs 峰值电压进行评估。

注意，程序在计算 SFFOR 和 BFR 时，是基于当地的地闪密度 N_g 来确定击中线路的次数。Visacro et al. (2005c)利用闪电定位系统的历史数据用以确定沿着线路连续变化的 N_g，从而可以更准确的评估击中次数。

Nucci(2009)比较了 CIGRE 和 IEEE 的程序。主要区别在于这样一个事实,迄今为止,CIGRE 提出的一些方法被认为比 IEEE 的更为普遍,这是因为他们考虑了更多的变量。在 IEEE 中,部分固有的简单方法作为计算机代码已经在使用,称为 FLASH(v. 19),它作为专业工具可以为典型的架空输电线路的雷电特征提供近似处理,并且很实用,初学者在处理一些简单问题的情况下可以作为参考。

塔模型和接地模型是研究架空线路闪电特征的基本组成,已有文献给出了一些关于塔模型的进展(Ametani,1994;Meliopoulos et al. ,1997;Baba et al. ,2000; Motoyama et al. ,2000; Grcev et al. ,2004; De Conti et al. ,2006)。CIGRE 技术手册 275(2005)指出,使用分布式电路方法,架空地线(OHGW)接地电阻的作用相对较小。Visacro(2007) 分析了影响接地的主要因素,并对其进行了修订 (Visacro et al. ,2009)。Sekioka(2005)分析了电极的电流响应,Visacro et al. (2012b)研究了频率依赖性土壤参数对该响应的影响。Sarajcev et al. (2012)回顾了关于高压输电线路塔的后向闪络率评估和塔底冲击电阻影响的研究进展。基于电磁模型,Visacro (2012c) 和 Silveira(2012)也讨论了该问题。Visacro et al. (2012d)研究了土壤电阻率和介电常数的频率响应对传输线后向闪络率的相关影响。

避雷器产品的使用见 CIGRE 技术手册 440(2010)——输电线路防雷中的避雷器产品使用,参考 10.5 节。

通常,负地闪首次回击被认为是输电线路绝缘面临的最大威胁(Chowdhuri et al. ,2005)。负地闪的继后回击峰值电流明显较小,但电流上升率却较快。因此,在某些情况下,继后回击对系统绝缘的威胁超过了那些典型的或较大的首次回击,特别是那些低阻抗和高电感的高大建筑。Silveira et al. (2012,2013)针对 69 kV 和 138 kV 线路分析了继后回击对后向闪络的影响。Visacro et al. (2012e)研究发现,在具有多次回击的地闪中,具有最大的峰值电流的继后回击是对绝缘的额外威胁,因为具备了较大的电流和陡度。

在对架空输电线路的雷电性能模拟时,应该综合考虑正极性回击(第 7 章)和负极性回击(第 3 章)。正极性回击由于转移电荷能力更强,因此造成热效应损害的可能更大。

10.4　配电线路

CIGRE 和 IEEE 关于配电线路的参考文档有:

· CIGRE WG C4.402,中压和低压电网雷电防护第一部分:共同话题(CIGRE 技术手册 287,2006)和第二部分:中压电网雷电防护(CIGRE 技术手册 441,2010)。

· IEEE 1410—2010　电力配电线路负荷防雷指南。

架空配电线路的雷电性能一般用每年发生的雷击事故数量的曲线来表示,作为线路绝缘水平的函数。这些曲线被电力工程师用于提高系统可靠性和供电质量。

直接雷击和附近的闪电都可能会在配电线路引起闪络。在大部分情况下,直接雷击配电线路会引起绝缘闪络。然而,经验和观察表明,许多与闪电有关的低绝缘线路的中断是由于雷电击中线路附件区域造成的。此外,相对于附近的高建筑物,中、低压配电网络的高度有限,因此间接雷击要远比直接雷击频繁,关于这方面的文献主要关注这一类型的雷击事件(见 IEEE 1410—2010)。

影响配电系统雷电性能的评价因素主要有:

· 描述雷电连接的模型;

· 采用的雷电流参数分布;

· 雷电感应机制模型;

· 统计程序。

连接模型类似于传输线模型,考虑到高度的降低,通常采用 Eriksson (1987)的经验校准线。

雷电流参数的分布专指地闪。然而，正如前面章节中描述的，目前采用的统计分布主要是由观测塔上获得的。除了顶部和底部反射效应（Guerrieri et al.，1998；Bermudez et al.，2003；Rakov，2001；Visacro et al.，2005），塔或架空输电线路测量往往能够吸引地闪较大的首次回击电流。塔对雷电流分布的影响参见文献 Sargent（1972），Mouse et al.（1989），Rizk（1994b），Pettersson（1991），Sabot（1995），Borghetti et al.（2003，2004）。Borghetti et al.（2003）阐明了使用地闪无偏分布的影响。回击速度也是评估闪电感应电压的重要参数。Matsubara et al.（2009）给出了倾斜闪电通道的分析结果。De Conti et al.（2010），Silveira et al.（2010）分析了闪电电流波形带来的影响，注意考虑了上升沿的凹度和第二个峰值。

对具有或不具有接地屏蔽（或中性）导体的无限长单导体架空线的诱导机理建模和统计，应用于无限长单导线架空线路有和无接地屏蔽（或中性）导体的情况下的感应机制模型和统计程序，IEEE 1410—2010 建议采用 Wagner et al.（1942）给出的统计方法和 Rusck（1958b）提出的简化公式，该公式给出了估计雷电感应电压的最大振幅。该方程考虑了雷电流幅值以及回击位置与线路之间的距离，假设电流波形为阶跃函数，地面是一个良导体平面。IEEE 标准 1410—2010 也给出了 CIGRE 技术手册 287（2006）和 441（2010）总结中描述的程序。该程序基于蒙特卡罗方法和对非直击雷感应电压的准确评估（例如，Nucci，1995a，1995b；Nucci et al.，2003）。同时该程序考虑了电流波形的影响，特别是到达峰值时间的概率分布以及土壤有限的导电率、线路的具体特征及其拓扑结构的影响。Borghetti（2007）对上述两个程序进行了对比。

Visacro et al.（2008）研究了连接点高度对首次回击感应电压的影响。

如 CIGRE 技术手册 441（2010）分析的那样，除了回击位置相对于线路的距离，电流参数也对避雷器产品的有效性起到重要影响，应定期地对架空线路接地或增加屏蔽电线来防止感应过电压，参见 Yokoyama et al.（1985）；Paolone et al.（2004）；Piantini（2008）；Silveira et al.（2011）以及 Piantini et al.（2013）。

配备避雷器产品的配电线路和架空地线，雷电特性主要受直击雷的影响，Michishita et al.（2012）对这种特殊情况进行了分析，并强调了研究继后回击电流参数的重要性，避雷器每隔100 m或200 m的闪络率与继后回击的相关性高于首次回击。

10.5　避雷器和浪涌保护器

CIGRE技术手册440(2010)致力于线路避雷器(LSA)产品的使用。LSA是由许多压敏电阻串联而成。在LSA中，金属氧化物的体积决定了它们的能量特性，使它们具备一定的能力承受暂态过电压。浪涌避雷器(变阻器)的有源部分必须能够承受IEC 60099标准中规定的工频电压、暂态过电压(TOV)、慢前沿过电压和快前沿瞬态过电压。如IEC所述，对于带有外部间隙线路避雷器(EGLA)的LSA，金属氧化物电阻必须在雷电过电压引起串联空隙发生闪络后的一段时间内承受TOV。

关于避雷器的能量负荷有不同的认识，这取决于线路是否有屏蔽电线的保护。当线路得到屏蔽线的有效保护时，回击的高峰值电流将被屏蔽线拦截，并且大部分回击电荷将转移到地面，只有一小部分的雷电流通过避雷器到达具有浪涌阻抗的相导体。线性避雷器电流波形与侵入电流波形不同。具体来说，线路避雷器电流尾部将更短且侵入避雷器的能量会更少。

对于无屏蔽线或有屏蔽线或零线位于相导体下方，那么相导体可以直接被雷电回击中的高峰值电流击中，线路避雷器电流与侵入电流波形类似，这可能对线路避雷器产品构成严重威胁。避雷器吸收的能量本质上与转移电荷成正比，因为通过避雷器的电压降几乎是恒定的。这种能量负荷对于负地闪而言是合理的，但对转移电荷更多的正地闪来说，可能超过LSA的能量负荷。对于无屏蔽的线路而言，无论是采用无间隙线路避雷器(NGLA)或外部间隙线路避雷器(EGLA)的避雷器，避雷器因能量击穿而失效的风险是一个重要的参数，该参数对设计经济、合理的避雷器具有重要作用。

Stenstrom et al.（1999），Savic（2005），Nakada（1997）分析了雷电参数，如雷电电流波持续时间对避雷器的最低能量吸收能力的影响。雷电的总电荷量，包括多回击是避雷器吸收能量的主要参数。避雷器的非线性伏安特性，使得雷电流的幅值对结果也很重要。因此，在总电荷量不变的情况下，通过不同的回击电流研究电流幅值带来的影响。回击间的连续电流通常不会被避雷器吸收，因为连续电流会通过线终端到达地面。Stenstrom et al.（1999）以及 Bassi et al.（2003）的研究表明，在某些情况下，地面阻抗对计算负荷能力时非常重要。

10.6 其他地面装置

在本节中，我们考虑变电站和类似的设施，其防雷装置通常包括：

·闪电拦截系统，如屏蔽线和垂直避雷针；

·过电压保护装置。

在雷击点的极限距离内，如果没有过电压保护，必须避免雷电直接击中设备及火线等。因此，屏蔽系统通常是非常必要的。基本上，这个系统的设计，应该考虑类似上面所讨论的架空线的屏蔽。线路和变电站的保护应该协调配合。塔上的雷击事故往往会产生具有陡峭上升沿的输入电压，在到达变电站终端机之前被电晕效应减弱的可能性不大。为了防止地面设备（如 SF6 管道系统）的电烧蚀损伤，直击雷保护措施也是可取的，否则就得有足够的金属截面积承受典型的站点故障和闪电电流。

IEEE 998—1996 致力于使变电站内设备和工作总线被直接雷击的风险最小化。

根据 CIGRE 技术手册 172（2000），当考虑过电压保护装置时（主要是位置和选择的避雷器产品），以下参数是非常重要的：

·进线和出线的数量；

· 屏蔽失效的概率和连接架空线的后向闪络；

· 变电站与后向闪络或线路屏蔽故障点的距离；

· 变电站配置和扩展(GIS、露天、母线系统/布局、电缆长度等)；

· 设备故障可接受的风险。

通常获知变电站附近的雷电发生概率及其分布情况，对浪涌保护装置设计和安装位置的选择起决定性作用。而且，也要考虑变电站的各种运行状况(线数，各种母线配置等)。在很多情况下，考虑最危险的情况是为了设计一个保守的保护系统。

在评估变电站预计雷击故障率上，Okabe et al.(2011)考虑峰值电流和上升时间的关系(定义为初始电流波形的峰值与最大上升率的比值，不同于“传统”的上升时间，这在第3章中提到)。气体绝缘组合开关(GIS)的后向闪络引起的过电压，受雷电流上升时间的影响，不同于在特高压变电站的变压器，几乎不受过电压上升时间的影响。

变压器保险丝起作用，是在长时间经受雷电流或具有连续电流的多回击地闪时引起的铁芯饱和。

CIGRE技术手册360(2008)已提及非标准闪电冲击下的GIS绝缘特性的问题。

10.7　普通建筑物防护所需的雷电参数

IEC 62305系列标准(2010)，提供了在普通建筑物防雷设计应遵循的原则，包括它们的设施，服务、内容以及人员。IEC 62305系列标准的范围，仅限于地面上固定且常见的建筑，如建筑物和工业设施。对于这些建筑物，接地系统是外部防雷系统的一个重要组成部分。对于移动系统而言，如车辆或船只和一些如帐篷或容器的可移动的系统，由于没有接地系统，它们不被IEC 62305系列标准考虑。可移动系统的雷电防护有专门的规定。然而，这两种雷电防护设计所需的雷电参数几乎是相同的。

根据 IEC 62305—1(2010)标准，闪电电流(i)是造成物理伤害，干扰和失灵的主要原因。与闪电威胁相关的电流参数主要有以下 4 个：

· 峰值电流 I_{max}；

· 最大电流陡度$(\mathrm{d}i / \mathrm{d}t)_{max}$；

· 电荷量 $Q=\int I\mathrm{d}t$；

· 比能量(也称为作用积分)，$W/R=\int I^2\mathrm{d}t$。

在第 3、4、7、8 章中，详细讨论了不同雷电类型和雷电过程的所有参数。峰值电流对接地系统的设计非常重要。当雷电流进入大地时，流经接地阻抗的电流产生压降。峰值电流决定最大电压降。当雷电流流过两个或两个以上的金属导体时，峰值电流也是决定了导体之间的最大受力。

根据建筑物内部的管路布置和接地，大开环网络通常由连接不同电气设备的线路组成。在这样开放的环路中，最大电流陡度决定最大的感应电压。因此，最大电流陡度还决定了空气终端或下行导体系统与待保护建筑内部电气装置之间所需的隔离距离。

转移电荷量 Q 与闪电通道接地点的融化效应关系密切。电弧根处的能量输入大致可由阳极/阴极电压降乘以电荷 Q 得到。电荷也会造成 SPD 的加热和融化效果，这取决于它是电压开关型还是限压型 SPD。

当雷电流流经金属导体，比能量 W/R 会造成加热效应。当电流或一小部分流经金属导体，比能量也决定机械效应。

这 4 个雷电参数需要根据正、负地闪的首次回击电流以及负地闪的继后回击电流分别进行统计。第 3 章和第 7 章分别讨论了正、负地闪的参数。

此外，电流上升时间、衰减时间、回击电流的持续时间也是必需的，因为它们决定了回击脉冲电流分量的波形。这些对应于正、负地闪首次回击以及负地闪继后回击的参量也应该被单独统计。

连续电流转移的电荷要多于回击脉冲电流，因此，连续电流是金属板烧蚀成洞的主要成因，例如槽结构的金属物。对连续电流而言，所需的参数分别为电荷量、电流振幅和电流的持续时间。对于这些参数的统计结果应该分正、负地闪单独给出。第 4 章讨论了两种极性地闪的连续电流。

大多数负闪电具有多次回击，也就是说，回击次数不止一次。相比之下，正地闪通常只包含首次回击和紧随其后的连续电流。因此，要单独统计正、负地闪的回击次数、总转移电荷量和闪电持续时间。在本书第 2.5 节讨论了负地闪的平均回击次数，而关于正地闪的讨论见第 7.3 节。在表 2.2 和表 7.3 中分别给出了正、负地闪的持续时间。

回击距离（滚球半径）是防雷设计中需要的附加参数，它的计算是 $r = 10 \times I^{0.65}$，单位是 m，首次回击峰值电流 I 的单位是 kA（IEC 62305—1，2010；NFPA 780，2011）。根据所需保护的有效性，设计空中保护范围，标准 IEC 62305—3（2010）给出了 4 个级别的回击距离作为设计空中保护范围的基础。敏感设备应采用一级保护，使用滚球半径为 20 m。

根据 IEC 62305—2（2010），为了评估风险，需要计算建筑物或建筑物附近发生雷电的概率。回击的次数取决于每年的地闪密度，见第 2.4 节中的讨论。地面回击点密度能够从当地地闪密度中获取，为了计算地闪多通道到达地面的次数，通常采用 1.5～1.7 的系数进行校正（见 2.7 节）。Bouquegneau（2012）提出了一个保守值为 2 的校正因子用于雷击风险计算。风险计算还取决于目标物的尺寸、环境以及位置（如在一个平坦的地形或在山上），并允许用户选择最合适的类型来保护。

10.8　小结

本章简要总结了在电力工程计算方面所需的主要雷电参数、相关参考标准和最新文献。此外，简要概述了普通建筑物防雷设计所需的雷电参数。

第11章 结论综述

(1)大约超过80%的负地闪是由两个或两个以上的回击组成。这个百分比明显高于早先 Anderson et al.(1980)基于不准确的记录而估计的55%。每个地闪平均回击次数为3～5个,击间间隔时间几何平均值约为60 ms。有三分之一到二分之一的地闪,在相隔几千米出现两个或两个以上的接地点。但每个地闪只有一个位置记录,地闪密度测量值的校正因子为1.5～1.7,明显高于 Anderson et al.(1980)估计的1.1。首次回击电流峰值通常比随后的继后回击电流峰值大2～3倍。然而,大约三分之一的地闪,包含至少一个具有大电场峰值的继后回击。理论上,其电流峰值也应大于首次回击。大于首次回击的继后回击可能对供电线路和其他系统构成了额外的威胁。

(2)从电流的直接测量来看,瑞士、意大利、南非、日本,负地闪首次回击峰值电流约为30 kA,瑞士人工触发上行闪电的继后回击通常在10～15 kA。在巴西相应的测量值为45 kA和18 kA,额外的测量是必需的。CIGRE和IEEE(见图3.2)给出负地闪首次回击峰值电流“全球”分布,都是基于直接电流测量和间接的不准确测量,一些数据有质量问题。然而,由于“全球”分布已广泛用于防雷研究,与根据直接测量(中值=30 kA,$\sigma_{\lg} I=0.265$,Berger et al.)没有太大的区别。建议继续使用这些代表负地闪首次回击的“全球”分布。对于负地闪继后回击,采用图3.1中的分布曲线4(中值=12 kA,$\sigma_{\lg} I=0.265$)。正地闪首次回击在山顶上目标物的测量数据非常有限,但依然采用图3.1中的分布曲线2(中值=35 kA,$\sigma_{\lg} I=0.544$),因此应该继续在实验塔上进行直接电流测量。奥地利、巴西、加拿大、德国和瑞士在塔上一直进行直接电流测量,但绝大多数闪电是上行类型(巴西除外)。

(3)推荐的雷电流波形参数主要由 Berger et al.(1975)给出(见表 3.6)。但受设备限制，Anderson et al.(1980)认为，Berger et al.(1975)给出的雷电流上升时间可能被低估了。人工触发闪电雷电流上升时间，可以应用到自然闪电的继后回击中(见表 3.7)。闪电峰值电流与脉冲转移电荷、电流上升率之间具有较好的相关性，而电流峰值与上升时间相关性较弱或没有相关性。

(4)美国国家雷电探测网(NLDN)及其他类似闪电定位系统利用方程由电场反演电流，对负地闪继后回击进行校准，平均绝对误差 10%～20%。目前依然没有正、负地闪首次回击的估计误差。除了 NLDN 型系统(如欧洲、日本雷电探测网和区域系统外，还有其他的闪电定位系统也利用电场计算给出峰值电流，包括 LINET(主要是欧洲)、USPLN(在美国，和其他国家)、WTLN(在美国和其他国家)、WWLLN(全球)和 GLD360(全球)，也尚未提出正、负地闪首次回击峰值电流的估计误差。

(5)含有连续电流的地闪回击，正地闪远高于负地闪。正地闪回击后连续电流的持续时间和强度也要大于负地闪。正地闪能够产生高的峰值电流和长的连续电流，这个特征在任何一个负地闪中都没有发现。在自然地闪中，出现的连续电流表现出多种波形，大致可以分为 6 类。由于极性的不同，每个连续电流的 M 分量存在较大差异。负地闪的连续电流平均含有 5.5 个 M 分量，而正地闪的连续电流则平均含有 9 个。对于负地闪，长连续电流峰值通常较小，而连续电流之前的回击，具有较大的峰值电流且击间间隔也相对较小。幅值相对较低的长连续电流转移的电荷量比高幅值的回击脉冲大。

(6)低云下边界以下，负地闪的平均回击速度(首次或继后)通常为三分之一到二分之一光速。似乎首次回击的速度要低于继后回击，虽然区别不是很大(9.6×10^{7} m/s 和 1.2×10^{8} m/s)。对于正回击，数据非常有限，速度的量级是 10^{8} m/s。在通道下部 100 m 左右(对应于电流和电场峰值)，负地闪回击速度达到光速的三分之一到三分之二。无论是首次还是继后回击，负地闪的回击速度随高度减小。一些实验证据表明，沿着闪电通道，负回击速度是非单调变化，随高度最初增加然后减少。关于正回击速度随高度变化的数据存在矛盾。通常认为的回击速度和峰值电流之间的关系不被实验数据支持。

(7)研究地闪直击或感应效应时，闪电通道的等效阻抗需要指定。根据有限的实验数据，这个阻抗的估计值从几百欧姆到几千欧姆。在许多实际情况下，这个阻抗在闪电回击点“被看作”是数十欧姆或更小，它允许假设一个无限大的闪电通道等效阻抗。换句话说，闪电在这种情况下可以视为一个理想的电流源。如果直接雷击击中特性阻抗为 400 Ω 的架空输电线路(200 Ω 的有效阻抗，两个方向可看作是 400 Ω)，近似理想的电流源可能仍然是合适的。与架空线类似若由一个内部阻抗 400 Ω 的电流源来表示闪电，是不合理的。

(8)虽然正地闪放电占全球闪电活动的 10%或更少，但有几种情况，例如冬季风暴，似乎有利于更频繁发生正闪电。直接测量的最大电流(近 300 kA)和最大的转移电荷(数以百计库仑或更多)被认为与正闪电有关。正地闪通常只包含一次回击，尽管观测到最多 4 次回击。正地闪的继后回击可能发生在原先的通道也可能在新的通道。尽管最近对正闪电的研究有进展，但对正地闪物理特征的认识仍比不上负地闪。由于缺乏对正地闪回击电流的直接测量，还是推荐使用 Berger 基于 26 个样本给出的的峰值电流分布(见图 3.1 和表 7.3)，尽管这 26 个样本中有一些并不是回击事件。由于样本少，谨慎使用表 7.3 给出的波形参数。显然，为了建立正地闪放电可靠的峰值电流分布和其他参数，需要更多的测量。双极性闪电放电通常是高塔上始发的上行先导，但是下行自然闪电也有双极性。

(9)位于平坦地形的高物体(高度超过 100 m)和山顶上中等高度的物体(数十米高)，主要由上行先导始发向上的闪电放电。上行(物体)闪电放电总是有一个初始阶段，后面出现或不出现下行先导/向上回击序列的可能都有。连续电流通常表现为叠加的脉冲，其峰值范围从几十安培到几千安培(有时几十千安培)。在非对流季节，物体始发的闪电通常独立于下行闪电，观测到在数小时内有多个始发于高物体的闪电。Diendorfer(2006)报道在 2005 年 2 月的一个晚上(冬季),Gaisberg 塔上的 20 个闪电转移到地面的总电荷量超过 1800 C。高物体发生双极性闪电的概率与正闪电是一样的。从向下和高复杂性的向上闪电观测到的差异,原因是塔顶发起的多个向上分支和向上通道接近上方带电区域相对较短的缘故。

(10)从目前的文献来看,没有发现负地闪参数依赖地理位置的证据。只有电流强度可能与地理位置有关(包含首次回击和继后回击峰值电流),但是,显著性检验水平低于 50%,从工程角度看,可能需要考虑地理位置的差异。然而,需要注意的是,受观测资料样本的限制,不能排除观测到的电流差异是因为季节而不是“地理位置”。同样,也没有季节性依赖的可靠信息。总之,目前可用的信息不足以证实或反驳一个关于负地闪雷电参数依赖地理位置或季节的假设。另一方面,一些局地条件可能会导致不同类型闪电的频繁发生(例如,在日本的冬季风暴)。主要是上行闪电,其参数可能和“普通”闪电显著不同。为澄清这些假设及其可能的地理位置的依赖,进一步的研究是必要的。

(11)对具体的工程应用所需要的雷电参数进行了总结。尽管普通地面建筑防雷设计所需的参数也进行了讨论,但重点放在对电力工程计算有影响的参数。

参考文献

Akopian A. A. , V. P. Larionov, and A. S. Torosian. 1954. On impulse discharge voltages across high voltage insulation as related to the shape of the voltage wave. CIGRE Paper 411: 1-15.

Alstad K. , J. Huse, H. M. Paulsen, A. Schei, H. Wold, T. Henriksen, and A. Rein. 1979. Lightning impulse flashover criterion for overhead line insulation. Proc. of ISH, Milan, Italy, paper 42. 19.

Ametani A. , Y. Kasai, J. Sawada, A. Mochizuki, and T. Yamada. 1994. Frequency-dependent impedance of vertical conductors and a multiconductor tower model. IEE Proc. Generat. Transm. Distrib. 141: 339-45.

Ametani A. and T. Kawamura. 2005. A method of a lightning surge analysis recommended in Japan using EMTP. IEEE Trans. Power Del. 20: 867-75.

Anderson, J. G. 1981. Lightning Performance of Transmission Lines. In Transmission Line Reference Book, Palo Alto, CA, USA: Electric Power Research Institute.

Anderson, J. G. 1982. Lightning performance of transmission lines, in Transmission Line Reference Book-345 kV and Above, 2nd ed. , pp. 545-597, Electric Power Research Institute, Palo Alto, Calif.

Anderson, R. B. and A. J. Eriksson. 1980. Lightning parameters for engineering application. Electra 69: 65-102

Anderson, R. B. , A. J. Eriksson, H. Kroninger, D. V. Meal, and M. A. Smith. 1984a. Lightning and thunderstorm parameters. In Lightning and Power Systems, London: IEE Conf. Publ. No. 236, 5 p.

Andreotti, A. , S. Falco, and L. Verolino. 2005. Some integrals involving Heidler's lightning return stroke current e×pression. Electr. Eng. 87: 121-8, doi: 10.1007/s00202-

004- 0240-8.

Asakawa, A. , K. Miyake, S. Yokoyama, T. Shindo, T. Yokota, and T. Sakai. 1997. Two types of lightning discharges to a high stack on the coast of the Sea of Japan in Winter. IEEE Trans. Power Del. 12: 1222-31.

Baba, Y. and M. Ishii. 2000. Numerical electromagnetic field analysis on lightning surge response of tower with shield wire. IEEE Trans. Power Del. 15: 1010-5.

Baba, Y. and V. A. Rakov. 2005a. On the use of lumped sources in lightning return stroke models. J. Geophys. Res. 110: D03101, doi:10.1029/2004JD005202.

Baba, Y. and V. A. Rakov. 2005b. On the mechanism of attenuation of current waves propagating along a vertical perfectly conducting wire above ground: Application to lightning. IEEE Trans. Electromagn. Compat. 47: 521-32.

Baharudin, Z. A. , N. A. Ahmad, J. S. Makela, M. Fernando, and V. Cooray. 2012. Negative cloud-to-ground lightning flashes in Malaysia. J. Atmos. Solar-Terrestr. Phys. , submitted.

Baldo, G. , A. Pigini, and K. H. Weck. 1981. Nonstandard lightning impulse strength. In document CIGRé 33-81, Private communication.

Ballarotti, M. G. , C. Medeiros, M. M. F. Saba, W. Schulz, and O. Pinto Jr. 2012. Frequency distributions of some parameters of negative downward lightning flashes based on accurate-stroke-count studies. J. Geophys. Res. 117: D06112, doi: 10.1029/2011JD017135.

Ballarotti, M. G. , M. M. F. Saba, and O. Pinto Jr. 2005. High-speed camera observations of negative ground flashes on a millisecond-scale. Geophys. Res. Lett. 32: L23802, doi:10.1029/2005GL023889.

Bassi, W. and J. M. Janiszewski. 2003. Evaluation of currents and charges in low-voltage surge arresters due to lightning strikes. IEEE Trans. Power Del. 18: 90-94.

Bazelyan, E. M. , N. L. Aleksandrov, R. B. Carpenter, and Yu. P. Raizer. 2006. Reverse discharges near grounded objects during the return stroke of branched lightning flashes. In Proc. of 28th Int. Conf. on Lightning Protection, Kanazawa, Japan, pp. 187-192.

Bazelyan, E. M. , B. N. Gorin, and V. I Levitov. 1978. Physical and Engineering Foundations of Lightning Protection, 223 p. , Leningrad: Gidrometeoizdat.

Beasley, W. 1985. Positive cloud-to-ground lightning observations. J. Geophys. Res. 90: 6131-8.

Beasley, W. H. , M. A. Uman, D. M. Jordan, and C. Ganesh. 1983. Positive cloud to ground lightning return strokes. J. Geophys. Res. 88: 8475-82.

Beierl, O. 1992. Front shape parameters of negative subsequent strokes measured at the Peissenberg tower. In Proc. 21st Int. Conf. on Lightning Protection, Berlin, Germany, pp. 19-24.

Berger, K. 1967. Novel observations on lightning discharges: Results of research on Mount San Salvatore. J. Franklin Inst. 283: 478-525.

Berger, K. 1972. Methoden und Resultate der Blitzforschung auf dem Monte San Salvatore bei Lugano in den Jahren 1963-1971. Bull. Schweiz. Elektrotech 63: 1403-22.

Berger, K. 1977. The Earth Flash. In Lightning, Vol. 1, Physics of Lightning, ed. R. H. Golde, pp. 119-90. New York: Academic Press.

Berger, K. 1978. Blitzstrom-Parameter von Aufwärtsblitzen. Bull. Schweiz. Elektrotech. Bd. 69: 353-60.

Berger, K. , R. B. Anderson, and H. Kroninger. 1975. Parameters of lightning flashes. Electra 80: 23-37.

Berger, K. and E. Garabagnati. 1984. Lightning current parameters. Results obtained in Switzerland and in Italy. URSI Conf. , Florence, Italy.

Berger, G. , A. Hermant, and A. S. Labbe. 1996. Observations of natural lightning in France. In Proc. of the 23rd Int. Conf. on Lightning Protection, Florence, Italy, Sept. 23-27, vol. 1, pp. 67- 72.

Berger, K. and E. Vogelsanger. 1965. Messungen und Resultate der Blitzforschung der Jahre 1955-1963 aufdem Monte San Salvatore. Bull. Schweiz. Elektrotech. Bd. 56: 2-22.

Berger, K. , and E. Vogelsanger. 1966. Photographische Blitzuntersuchungen der Jahre

1955-1965 auf dem Monte San Salvatore. Bull. Schweiz. Elektrotech. Bd. 57: 599-620.

Berger, K., and E. Vogelsanger. 1969. New results of lightning observations. In Planetary Electrodynamics, eds. S. C. Coroniti and J. Hughes, pp. 489-510, New York: Gordon and Breach.

Bermudez, J. L., M. Rubinstein, F. Rachidi, F. Heidler, and M. Paolone. 2003. Determination of reflection coefficients at the top and bottom of elevated strike objects struck by lightning. J. Geophys. Res. 108: 4413, doi: 10.1029/2002JD002973.

Biagi, C. J., K. L. Cummins, K. E. Kehoe, and E. P. Krider. 2007. National Lightning Detection Network (NLDN) performance in southern Arizona, Te×as, and Oklahoma in 2003—2004. J. Geophys. Res. 112: D05208, doi: 10.1029/2006JD007341.

Borghetti, A., C. A. Nucci, and M. Paolone. 2003. Effect of tall instrumented towers on the statistical distributions of lightning current parameters and its influence on the power system lightning performance assessment. Eur. Trans. Electr. Power 13: 365-72.

Borghetti, A., C. A. Nucci, and M. Paolone. 2004. Estimation of the statistical distributions of lightning current parameters at ground level from the data recorded by instrumented towers. IEEE Trans. Power Del. 19: 1400-9.

Borghetti, A., C. A. Nucci, and M. Paolone. 2007. An improved procedure for the assessment of overhead line indirect lightning performance and its comparison with the IEEE Std. 1410 method. IEEE Trans. Power Del. 22: 684-92.

Borghetti, A., C. A. Nucci, and M. Paolone. 2009. Indirect-Lightning Performance of Overhead Distribution Networks With Comple× Topology. IEEE Trans. Power Del. 24: 2206-13.

Bouquegneau, C., A. Kern, and A. Rousseau. 2012. Flash Density Applied to Lightning Protection Standards. In Proc. of 8th Int. Conf. on Grounding and Earthing & Lightning Physics and Effects GROUND & LPE, pp. 91-95, Bonito, Brazil.

Boyle, J. S. and R. E. Orville. 1976. Return stroke velocity measurements in multistroke lightning flashes. J. Geophys. Res. 81: 4461-6, doi:10.1029/JC081i024p04461.

Brook, M., N. Kitagawa, and E. J. Workman. 1962. Quantitative study of strokes and continuing currents in lightning discharges to ground. J. Geophys. Res. 67: 649-59.

Brook, M., M. Nakano, P. Krehbiel, and T. Takeuti. 1982. The electrical structure of the Hokuriku winter thunderstorms. J. Geophys. Res. 87: 1207-1doi: 10. 1029/JC087iC02p01207.

Bruce, C. E. R. and R. H. Golde. 1941. The lightning discharge. J. Inst. Elec. Eng. 88: 487-520.

Caldwell, R. and M. Darveniza. 1973. E×perimental and Analytical Studies of the Effect of Non-Standard Waveshapes on the Impulse Strength of E× ternal Insulation. IEEE Trans. Power App. Syst. PAS-92: 1420-8.

Campos, L. Z. S., M. M. F. Saba, O. Pinto Jr., and M. G. Ballarotti. 2007. Waveshapes of continuing currents and properties of M-components in natural negative cloud-to-ground lightning from high-speed video observations. Atmos. Res. 84 doi: 10. 1016/j. atmosres. 2006. 09. 002.

Campos, L. Z. S., M. M. F. Saba, O. Pinto Jr., and M. G. Ballarotti. 2009. Waveshapes of continuing currents and properties of M-components in natural positive cloud-to-ground lightning. Atmos. Res. 91: 416-24, doi: 10. 1016/j. atmosres. 2008. 02. 020.

Carlson, A. B. 1996. Circuits. 838 pp., New York: John Wiley & Sons.

Chisholm, W. A., J. P. Levine, and P. Chowdhuri. 2001. Lightning arc damage to optical fiber ground wires (OPGW): parameters and test methods. In 2001 Power Engineering Society Summer Meeting. Conference Proceedings, 1, 88-93, Vancouver, BC, Canada, 15-19 July 2001.

Chowdhuri, P., J. G. Anderson, W. A. Chisholm, T. E. Field, M. Ishii, J. A. Martinez, M. B. Marz, J. McDaniel, T. R. McDermott, A. M. Mousa, T. Narita, D. K. Nichols, and T. A. Short. 2005. Parameters of lightning strokes: a review. IEEE Trans. Power Del. 20: 346-58.

Chowdhuri, P., S. Li, and P. Yan. 2002. Rigorous analysis of back-flashover outages caused by direct lightning strokes to overhead power lines. IEE Proc. Gener. Transm.

Distrib. 149: 58-65.

CIGRE WG 33.01, Report 63. 1991. Guide to Procedures for Estimating the Lightning Performance of Transmission Lines, 61 p.

CIGRE TF 33.01.02, Report 94. 1995. Lightning characteristics relevant for electrical engineering: Assesment of sensing, recording and mapping requirements in the light of present technological advancements, 37 p.

CIGRE TF 33.01.03, Report 118. 1997. Lightning e×posure of structures and interception efficiency of air terminals, 86 p.

CIGRE TF 33.01.02, Report 172. 2000. Characterization of lightning for applications in electric power systems, 35 p.

CIGRE WG C4. 2. 02, Report 275. 2005. Methods for measuring the earth resistance of transmission towers equipped of earth wires, 19 p

CIGRE WG C4.4.02, Report 287. 2006. Protection of MV and LV networks against lightning - part 1: common topics, 53 p.

CIGRE WG C4.302, Report 360. 2008. Insulation co-ordination related to internal insulation of gas insulated systems with SF6 and N2/SF6 gas mi×tures under ac condition, 96 p.

CIGRE WG C4.404, Report 376. 2009. Cloud-to-ground lightning parameters derived from lightning location systems: The effects of system performance, 117 p.

CIGRE WG C4.301, Report 440. 2010. Use of surge arresters for lightning protection of transmission lines, 50 p.

CIGRE WG C4.402, Report 441. 2010. Protection of medium voltage and low voltage networks against lightning part 2: lightning protection of medium voltage networks, 39p.

Cooray, V. and K. P. S. C. Jayaratne. 1994a. Characteristics of lightning flashes observed in Sri Lanka in the tropics. J. Geophys. Res. 99: 21,051-6, doi:10.1029/94JD01519.

Cooray, V., and H. Pérez. 1994b. Some features of lightning flashes observed in Sweden. J. Geophys. Res. 99: 10,683-10,688, doi:10.1029/93JD02366.

Cooray, V. and on behalf of cigre working group C4.405. 2011. Lightning interception - A review of simulation procedures utilized to study the attachment of lightning flashes to grounded structures. Electra 257: 48-55.

Cooray, V. and V. Rakov. 2011. Engineering lightning return stroke models incorporating current reflection from ground and finitely conducting ground effects. IEEE Trans. Electromagn. Compat. 53: 773-81.

Cooray, V., V. Rakov, and N. Theethayi. 2007. The lightning striking distance-Revisited. J. Electrost. 65: 296-306.

Crawford D. 1998. Multiple-station measurements of triggered lightning electric and magnetic fields. Masters thesis, Univ. of Fla., Gainesville.

Cummins, K. L. and M. J. Murphy. 2009. An overview of lightning locating systems: History, techniques, and data uses, with an in-depth look at the U. S. NLDN. IEEE Trans. Electromagn. Compat. 51: 499-518.

Cummins, K. L., M. J. Murphy, E. A. Bardo, W. L. Hisco×, R. B. Pyle, and A. E. Pifer. 1998. A combined TOA/MDF technology upgrade of the U. S. National Lightning Detection Network. J. Geophys. Res. 103: 9035-44.

Darveniza, M. and A. E. Vlastos. 1988. The generalized integration method for predicting impulse volt-time characteristics for non-standard wave shapes-a theoretical basis. IEEE Trans. Electr. Insul. 23: 373-81.

De Conti A. R., E. Perez, E. Soto, S. Member, F. H. Silveira, S. Visacro, H. Torres, and S. Member. 2010. Calculation of Lightning-Induced Voltages on Overhead Distribution Lines Including Insulation Breakdown. IEEE Trans. Power Del. 25: 3078-84.

De Conti, A. R., S. Visacro, A. Soares, and M. A. O. Schroeder. 2006. Revision, E× tension, and Validation of Jordan's Formula to Calculate the Surge Impedance of Vertical Conductors. IEEE Trans. Electromagn. Compat. 48: 530-6.

De Conti, A. and S. Visacro. 2007. Analytical representation of single- and double-peaked lightning current waveforms. IEEE Trans. Electromagn. Compat. 49: 448-51.

Dellera, L., E. Garbagnati, G. Lo Piparo, P. Ronchetti, and G. Solbiati. 1985. Lightning protection of structures. Part IV: Lightning current parameters. L'ENERGIA ELETTRICA, 11: 447-61.

Depasse, P. 1994. Statistics on artificially triggered lightning. J. Geophys. Res. 99: 18, 515-22, doi:10.1029/94JD00912.

Diendorfer, G. 2008. Some comments on the achievable accuracy of local ground flash density values. In Proc. of the Int. Conf. on Lightning Protection, Uppsala, Sweden, Paper 2-8, 6 p.

Diendorfer, G., K. Cummins, V. A. Rakov, A. M. Hussein, F. Heidler, M. Mair, A. Nag, H. Pichler, W. Schulz, J. Jerauld, and W. Janischewskyj. 2008. LLS-estimated versus directly measured currents based on data from tower-initiated and rocket-triggered lightning. In Proc. of 29th Int. Conf. on Lightning Protection, Uppsala, Sweden, June 23-26, 2008, Paper 2-1, 9 p.

Diendorfer, G., R. Kaltenboeck, M. Mair and H. Pichler. 2006. Characteristics of tower lightning flashes in a winter thunderstorm and related meteorological observations. In Proc. 19th Int. Lightning and Detect. Conf. (ILDC) and Lightning Meteorology Conf. (ILMC), Tucson, Arizona, USA.

Diendorfer, G., M. Mair, and W. Schulz. 2002. Detailed brightness versus lightning current amplitude correlation of flashes to the Gaisberg tower. In Proc. 26th Int. Conf. Lightning Protection (ICLP), Krakow, Poland.

Diendorfer, G., M. Mair, W. Schulz, and W. Hadrian. 2000. Lightning current measurements in Austria - E×perimental setup and first results. In Proc. 25th Int. Conf. on Lightning Protection, Rhodes, Greece, pp. 44-47.

Diendorfer, G., H. Pichler, and M. Mair. 2009. Some parameters of negative upward- initiated lightning to the Gaisberg tower (2000—2007). IEEE Trans. Electromagn. Compat. 51: 443-52.

Diendorfer, G., W. Schulz, and V. A. Rakov. 1998. Lightning characteristics based on data from the Austrian Lightning Locating System. IEEE Trans. Electromagn. Compat. 40: 452-64, doi:10.1109/15.736206.

Diendorfer, G. and M. A. Uman. 1990. An improved return stroke model with specified channel-base current. J. Geophys. Res. 95: 13, 621-44, doi: 10. 1029/JD095i

D09p13621.

Diendorfer, G., M. Viehberger, M. Mair, W. Schulz. 2003. An attempt to determine currents in lightning channels branches from optical data of a high speed video system. In International Conference on Lightning and Static Electricity, Blackpool, United Kingdom, Feb. 2003.

Diendorfer, G., H. Zhou and H. Pichler. 2011. Review of 10 years of lightning measurement at the Gaisberg Tower in Austria. In Proc. 3rd Int. Symposium on Winter Lightning (ISWL), Sapporo, Japan.

Dulzon, A. A. and V. A. Rakov. 1991. A study of power line lightning performance. In Proc. 7th Int. Symp. on High Voltage Engineering, Dresden, Germany, pp. 57-60.

Dwyer, J. R. 2005. A bolt out of the blue. Sci. Am. 292: 64-71.

Eriksson, A. J. 1978. Lightning and tall structures. Trans. South African IEE 69: 2-16.

Eriksson, A. J. 1982. The CSIR lightning research mast-data for 1972-1982. NEERI Internal Report No. EK/9/82, National Electrical Engineering Research Institute, Pretoria, South Africa.

Eriksson, A. J. 1987. The incidence of lightning strikes to power lines. IEEE Trans. Power Del. 2: 859-870.

Eriksson, A. J. and D. V. Meal. 1984. The incidence of direct lightning strikes to structures and overhead lines. In Lightning and Power Systems, London: IEE Conf. Publ. No. 236, pp. 67-71.

Eriksson, A. J., C. L. Penman, and C. L. Meal. 1984. A review of five years' lightning research on an 11 kV test-line. In Lightning and Power Systems, London: IEE Conf. Publ. No. 236, pp. 62-66.

Ferraz, E. C., M. M. F. Saba, and O. Pinto Jr. 2009. First measurements of continuing current intensity in Brazil. × International Symposium on Lightning Protection, Curitiba, Brazil.

Ferro, M. A., M. M. F. Saba, and O. Pinto Jr. 2009. Continuing current in multiple channel cloud-to-ground lightning. Atmos. Res. 91: 399-403, doi: 10. 1016/j. atmosres. 2008. 04. 011.

Ferro, M. A. S. , M. M. F. Saba, and O. Pinto Jr. 2012. Time-intervals between negative lightning strokes and the creation of new ground terminations. Atmos. Res. 116: 130-3, doi:10. 1016/j. atmosres. 2012. 03. 010.

Fisher, F. A. , J. A. Plumer. 1977. Lightning protection of aircraft. NASA Ref. Publ. , NASA-RP- 1008.

Fisher, R. J. , G. H. Schnetzer, R. Thottappillil, V. A. Rakov, M. A. Uman, and J. D. Goldberg. 1993. Parameters of triggered-lightning flashes in Florida and Alabama. J. Geophys. Res. 98: 22,887-902, doi:10. 1029/93JD02293.

Flache, D. , V. A. Rakov, F. Heidler, W. Zischank, and R. Thottappillil. 2008. Initial-stage pulses in upward lightning: Leader/return stroke versus Mcomponent mode of charge transfer to ground. Geophys. Res. Lett. 35: L13812, doi: 10. 1029/2008GL034148.

Fleenor, S. A. , C. J. Biagi, K. L. Cummins, E. P. Krider, and X. M. Shao. 2009. Characteristics of cloud-to-ground lightning in warm-season thunderstorms in the Central Great Plains. Atmos. Res. 91: 333-52, doi:10. 1016/j. atmosres. 2008. 08. 011.

Fuchs, F. , E. U. Landers, R. Schmid, and J. Wiesinger. 1998. Lightning current and magnetic field parameters caused by lightning strikes to tall structures relating to interference of electronic systems. IEEE Trans. Electromagn. Compat. 40: 444-51.

Fuquay, D. M. 1982. Positive cloud-to-ground lightning in summer thunderstorms. J. Geophys. Res. 87: 7131-40, doi:10. 1029/JC087iC09p07131.

Gamerota, W. R. , J. O. Elismé, M. A. Uman, and V. A. Rakov. 2012. Current Waveforms for Lightning Simulation. IEEE Trans. Electromagn. Compat. 54: 880-8.

Garbagnati, E. , E. Giudice, and G. B. Lo Piparo. 1978. Measurement of lightning currents in Italy - results of a statistical evaluation. ETZ-A 99: 664-8.

Garbagnati, E. , E. Giudice, G. B. Lo Piparo, and U. Magagnoli. 1974. Survey of the characteristics of lightning stroke currents in Italy - results obtained in the years from 1970 to 1973. ENEL Rep. R5/63-27.

Garbagnati, E. , E. Giudice, G. B. Lo Piparo, and U. Magagnoli. 1975. Rilievi delle caratteristiche dei fulmini in Italia. Risultati ottenuti negli anni 1970-1973. L'Elettrotecnica 62: 237-49.

Garbagnati, E. and G. B. Lo Piparo. 1970. Stazione sperimentale per il rilievo delle caratteristiche dei fulmini. L'Elettrotecnica 57: 288-97.

Garbagnati, E. and G. B. Lo Piparo. 1973. Nuova stazione automatica per il rilievo delle caratteristiche dei fulmini. L'Energia Elettrica 6: 375-83.

Garbagnati, E. , and G. B. Lo Piparo. 1982a. Results of 10 years investigation in Italy. In Proc. Int. Aerospace Conf. on Lightning and Static Electricity, O×ford, England, paper A1, 12 p.

Garbagnati, E. , and G. B. Lo Piparo. 1982b. Parameter von Blitzstromen. ETZ-A 103: 61-5.

Garbagnati, E. , F. Marinoni, and G. B. Lo Piparo. 1981. Parameters of lightning currents. Interpretation of the results obtained in Italy. In Proc. 16 Int. Conf. on Lightning Protection, Szeged, Hungary.

Geldenhys, H. T. , A. J. Eriksson, and G. W. Bourn. 1989. Fisteen years of data of lightning current measurements on 60 m mast. Trans. South African IEE 80: 130-58.

Golde, R. H. 1945. The Frequency of Occurrence and the Distribution of Lightning Flashes to Transmission Lines. Trans. Am. Inst. Electr. Eng. 64: 902-10.

Gorin, B. N. 1985. Mathematical modeling of the lightning return stroke. Elektrichestvo, 4: 10-16.

Gorin, B. N. , V. I. Levitov, and A. V. Shkilev. 1977. Lightning strikes to the Ostankino tower. Elektrichestvo 8: 19-23.

Gorin, B. N. , G. S. Sakharova, V. V. Tikhomirov, and A. V. Shkilev. 1975. Results of studies of lightning strikes to the Ostankino TV tower. Trudy ENIN 43: 63-77.

Gorin, B. N. and A. V. Shkilev. 1984. Measurements of lightning currents at the Ostankino tower. Elektrichestvo 8: 64-5.

Goto, Y. and Narita, K. 1995. Electrical characteristics of winter lightning. J. Atmos.

Terr.

Phys. 57: 449-59

Grcev, L. and F. Rachidi. 2004. On Tower Impedances for Transient Analysis. IEEE Trans. Power Del. 19: 1238-44.

Guerrieri, S. , N. C. , F. Rachidi, and M. Rubinstein. 1998. On the Influence of Elevated Strike Objects on Directly Measured and Indirectly Estimated Lightning Currents. IEEE Trans. Power Del. 13: 1543-55.

Gutierrez, J. A. R. , P. Moreno, J. L. Naredo, J. L. Bermudez, M. Paolone, C. A. Nucci, and F. Rachidi. 2004. Nonuniform Transmission Tower Model for Lightning Transient Studies. IEEE Trans. Power Del. 19: 490-6.

Hagenguth, J. H. and J. G. Anderson. 1952. Lightning to the Empire State Building. AIEE Trans. 71 (Pt. 3): 641-9.

Heidler, F. 1985a. Analytische Blitzstromfunktion zur LEMP- Berechnung, (in German). paper 1.9, pp. 63-66, Munich, September 16-20.

Heidler, F. 1985b. Traveling current source model for LEMP calculation. In Proc. 6th Int. Zurich Symp. on Electromagnetic Compatibility, Zurich, Switzerland, pp. 157-162.

Heidler, F. and J. Cvetic. 2002. A class of analytical functions to study the lightning effects associated with the current front. Eur. Trans. Elect. Power 12: 141-50.

Heidler, F. , F. Drumm, and C. Hopf. 1998. Electric fields of positive earth flashes in near thunderstorms. Proc. 24th Int. Conf. on Lightning Protection, Birmingham, U. K. , Staffordshire University, pp. 42-47.

Heidler, F. and C. Hopf. 1998. Measurement results of the electric fields in cloud- to-ground lightning in nearby Munich, Germany. IEEE Trans. Electromagn. Compat. 40: 436-43.

Heidler, F. , W. Zischank, and J. Wiesinger. 2000. Statistics of lightning current parameters and related nearby magnetic fields measured at the Peissenberg tower, Proc. 25th Int. Conf. on Lightning Protection, Rhodes, Greece, University of Patras, 78-83.

Hermant, A. 2000. Traqueur d'Orages, Nathan/HER, Paris, France.

Hileman, A. R. 1999. Insulation coordination for power systems, 767 p. , New York: Marcel Dekker.

Hubert, P. , and G. Mouget. 1981. Return stroke velocity measurements in two triggered lightning flashes. J. Geophys. Res. 86: 5253-61.

Hussein, A. M. , W. Janischewskyj, J. -S. Chang, V. Shostak, W. A. Chisholm, P. Dzurevych, and Z. -I. Kawasaki. 1995. Simultaneous measurement of lightning parameters for strokes to the Toronto Canadian National Tower. J. Geophys. Res. 100: 8853-61.

Idone, V. P. and R. E. Orville. 1982. Lightning return stroke velocities in the Thunderstorm Research International Program (TRIP). J. Geophys. Res. 87: 4903-15.

Idone, V. P. , R. E. Orville, P. Hubert, L. Barret, and A. Eybert-Berard. 1984. Correlated observations of three triggered lightning flashes. J. Geophys. Res. 89: 1385-94.

Idone, V. P. , R. E. Orville, D. M. Mach, and W. D. Rust. 1987. The propagation speed of a positive lightning return stroke. Geophys. Res. Lett. 14: 1150-3.

IEC Standard 62305-1. 2010. Protection against lightning - Part 1: General principles, Edition 2. 0.

IEC Standard 62305-2. 2010 Protection against lightning - Part 2: Risk management, Edition 2. 0.

IEC Standard 62305-3. 2010. Protection against lightning - Part 3: Physical damage to structures and life hazard, Edition 2. 0.

IEC Standard 62305-4. 2010. Protection against lightning - Part 4: Electrical and electronic systems within structures, Edition 2. 0.

IEEE Standard 998-1996. 1996. IEEE Guide for Direct Lightning Stroke Shielding of Substations.

IEEE Standard 1243-1997. 1997. IEEE Guide for Improving the Lightning Performance of Transmission Lines.

IEEE Standard 1410-2010. 2010. IEEE Guide for Improving the Lightning Performance of Electric Power Overhead Distribution Lines.

IEEE Working Group on Estimating the Lightning Performance of Transmission Lines. 1985. A Simplified Method for Estimating Lightning Performance of Transmission Lines. IEEE Trans. Power App. Syst. PAS-104: 918-32.

IEEE Working Group on Estimating the Lightning Performance of Transmission Lines. 1993. Estimating lightning performance of transmission lines. II. Updates to analytical models. IEEE Trans. Power Del. 8:1254-67.

Ishii, M., F. Fujii, M. Matsui, K. Shinjo, M. Saito, J.-I. Hojo, and N. Itamoto. 2005. LEMP from lightning discharges observed by JLDN. IEEJ Trans. PE 125: 765-70.

Ishii, M. and D. Natsuno. 2011. Statistics of recent lightning current observations at wind turbines in Japan-preliminary report. CIGRE WG C4.407 meeting, June 17, 2011, Sapporo, Japan.

Ishii, M., M. Saito, F. Fujii, M. Matsui, and D. Natsuno. 2011. Frequency of upward lightning from tall structures in winter in Japan. In Proc. 7th Asia-Pacific International Conference on Lightning. pp. 933-936, doi: 10.1109/APL.2011.6111049.

Ishii, M., K. Shimizu, J. Hojo, and K. Shinjo. 1998. Termination of multiple-stroke flashes observed by electromagnetic field. Proc. 24th Int. Conf. on Lightning Protection, Birmingham, U.K., Staffordshire University, pp. 11-16.

Janischewskyj, W., A. M. Hussein, V. Shostak, I. Rusan, J.-X. Li, and J.-S. Chang. 1997. Statistics of lightning strikes to the Toronto Canadian National Tower (1978-1995). IEEE Trans. Power Del. 12: 1210-21.

Javor, V. and P. D. Rancic. 2011. A channel-base current function for lightning return-stroke modeling. IEEE Trans. Electromagn. Compat. 53: 245-49, doi: 10.1109/TEMC.2010.2066281.

Jayakumar, V., V. A. Rakov, M. Miki, M. A. Uman, G. H. Schnetzer, and K. J. Rambo. 2006. Estimation of input energy in rocket-triggered lightning. Geophys. Res. Lett. 33: L05702, doi:10.1029/2005GL025141.

Jerauld, J., V. A. Rakov, M. A. Uman, K. J. Rambo, D. M. Jordan, K. L. Cummins, and J. A. Cramer. 2005. An evaluation of the performance of the U.S. National Lightning Detection Network in Florida using rocket-triggered lightning. J. Geophys. Res. 110: D19106.

Jerauld, J. E., M. A. Uman, V. A. Rakov, K. J. Rambo, D. M. Jordan, and G. H. Schnetzer. 2009. Measured electric and magnetic fields from an unusual cloud-to-ground lightning flash containing two positive strokes followed by four negative strokes, J. Geophys. Res. 114: D19115, doi:10.1029/2008JD011660.

Jones, A. R. 1954. Evaluation of the Integration Method for Analysis of Nonstandard Surge Voltages. Trans. Am. Inst. Electr. Eng., Part 3. 73: 984-90.

Kind, D. 1958. Die Aufbauflache bei Stossspannungsbeanspruchung technischer Elektrodenanordnungen in Luft. ETZ-A 79: 65-9.

Kitagawa, N., M. Brook, and E. J. Workman. 1962. Continuing current in cloud- to-ground lightning discharges. J. Geophys. Res. 67: 637-47.

Kitterman, C. G. 1980. Characteristics of lightning from frontal system thunderstorms. J. Geophys. Res. 85: 5503-5.

Kong, X., X. Qie, and Y. Zhao. 2008. Characteristics of downward leader in a positive cloud-to-ground lightning flash observed by high-speed video camera and electric field changes. Geophys. Res. Lett. 35: L05816, doi:10.1029/2007GL032764.

Kong, X. Z., X. S. Qie, Y. Zhao, and T. Zhang. 2009. Characteristics of negative lightning flashes presenting multiple-ground terminations on a millisecond-scale. Atmos. Res. 91: 381-6.

Krider, E. P., C. J. Biagi, K. L. Cummins, S. Fleenor, and K. E. Kehoe. 2007. Measurements of Lightning Parameters Using Video and NLDN Data. 13th Intl. Conf. on Atmospheric Electricity, Beijing, China, 13-18 August.

Krider, E. P. and G. J. Radda. 1975. Radiation field wave forms produced by lightning stepped leaders. J. Geophys. Res. 80: 2,635-57, doi:10.1029/JC080i018p02653.

Lacerda, M., O. Pinto, I. R. C. A. Pinto, J. H. Diniz, and A. M. Carvalho. 1999. Analysis of negative downward lightning current curves from 1985 to 1994 at Morro do Cachimbo research station (Brazil). In Proc. 11 th Int. Conf. on Atmospheric Electricity, Guntersville, Alabama, pp. 42-45.

Leteinturier, C. , J. H. Hamelin, and A. Eybert-Berard. 1991. Submicrosecond characteristics of lightning return-stroke currents. IEEE Trans. Electromagn. Compat. 33: 351-7.

Livingston, J. M. and E. P. Krider. 1978. Electric fields produced by Florida thunderstorms. J. Geophys. Res. 83: 385-401.

Lopez, R. E. , R. L. Holle, R. Ortiz, and A. I. Watson. 1992. Detection efficiency losses of networks of direction finders due to flash signal attenuation with range. In Proc. 15th Int. Aerospace and Ground Conf. on Lightning and Static Electricity, Atlantic City, New Jersey, pp. 75/1-18.

Lundholm, R. 1957. Induced overvoltage-surges on transmission lines and their bearing on the lightning performance at medium voltage networks. Trans. Chalmers Univ. Technol. No. 120, 117 p.

MacGorman, D. R. , M. W. Maier, and W. D Rust. 1984. Lightning strike density for the contiguous United States from thunderstorm duration records, NUREG/CR-3759, Office of Nuclear Regulatory Research, U. S. Nuclear Regulatory Commission, Washington, D. C. , 44 p.

Mach, D. M. and W. D. Rust. 1993. Two-dimensional velocity, optical risetime, and peak current estimates for natural positive lightning return strokes. J. Geophys. Res. 98: 2635-8.

Mach, D. M. and W. D. Rust. 1989. Photoelectric return-stroke velocity and peak current estimates in natural and triggered lightning. J. Geophys. Res. 94: 13,237-47.

Mallick, S. , V. A. Rakov, J. D. Hill, W. R. Gamerota, M. A. Uman, S. Heckman, C. D. Sloop, and C. Liu. 2013a. Calibration of the WTLN against rocket-triggered lightning data. SIPDA 2013, Belo Horizonte, Brazil.

Mallick, S. , V. A. Rakov, D. Tsalikis, A. Nag, C. Biagi, D. Hill, D. M. Jordan, M. A. Uman, and J. A. Cramer. 2013b. On Remote Measurements of Lightning Peak Currents, Atmos. Res. , in press, http://d×. doi. org/10. 1016/j. atmosres. 2012.

08.008.

Martinez，J. A. and F. Castro-Aranda. 2005. Lightning Performance Analysis of Overhead Transmission Lines Using the EMTP. IEEE Trans. Power Del. 20：2200-10.

Mata C. T. and A. G. Mata. 2012a. Summary of 2011 Direct and Nearby Lightning Strikes to Launch Comple× 39B，Kennedy Space Center，Florida. ICLP 2012，Vienna，Austria，September 2-7，9 p.

Mata C. T.，A. G. Mata，V. A. Rakov，A. Nag，and J. Saul. 2012b. Evaluation of the Performance Characteristics of CGLSS II and U. S. NLDN Using Ground-Truth Data From Launch Comple× 39B，Kennedy Space Center，Florida. ICLP 2012，Vienna，Austria，September 2-7，10 p.

Mata，C. T. and V. A. Rakov. 2008. Evaluation of Lightning Incidence to Elements of a Comple× Structure：A Monte Carlo Approach. In Proc. of the 3rd International Conference on Lightning Physics and Effects（LPE）and GROUND’ 2008，Florianopolis，Brazil，November 16-20，2008，pp. 351-354.

Matsubara，I. and S. Sekioka. 2009. Analytical Formulas for Induced Surges on a Long Overhead Line Caused by Lightning with an Arbitrary Channel Inclination. IEEE Trans. Electromagn. Compat. 51：733-40.

Matsumoto Y.，0. Sakuma，K. Shinjo，M. Saiki，T. Wakai，T. Sakai，H. Nagasaka，H. Motoyama，and M. Ishii. 1996. Measurement of Lightning Surges on Test Transmission Line Equipped with Arresters Struck by Natural and Triggered Lightning. IEEE Trans. Power Del. 11：996-1002.

Meliopoulos，A. P. S.，W. Adams，and R. Casey. 1997. An integrated backflashover model for insulation coordination of overhead transmission lines. Int. J. Electr. Power Energy Syst. 19：229-34.

McCann，D. G. 1944. The measurement of lightning currents in direct strokes. Trans. AIEE 63：1157-64.

McEachron，K. B. 1939. Lightning to the Empire State Building. J. Franklin Inst. 227：149-217.

McEachron, K. B. 1941. Lightning to the Empire State Building. American Institute of Electrical Engineers, Transactions of the, 60: 885-90, doi: 10. 1109/T-AIEE. 1941. 5058410.

Medeiros, C. and M. M. F. Saba. 2012. Presence of continuing currents in negative cloud-to-ground flashes. International Conf. on Lightning Detection, Denver.

Melander, B. G. 1984. Effects of tower characteristics on lightning arc measurements. In Proc. 1984 Int. Conf. on Lightning and Static Electricity, Orlando, FL, 1984, pp. 34/1-34/12.

Michishita, K. and Y. Hongo. 2012. Flashover Rate of 6. 6-kV Distribution Line Due to Direct Negative Lightning Return Strokes. IEEE Trans. Power Del. 27: 2203-10.

Miki, M. 2006. Observation of current and leader development characteristics of winter lightning, paper presented at 28 th International Conference on Lightning Protection, Inst. of Electr. Installation Eng. of Jpn. , Kanazawa, Japan.

Miki, M. , T. Miki, A. Wada, A. Asakawa, Y. Asuka, N. Honjo. 2010. Observation of lightning flashes to wind turbines. In proceedings of 30th International Conference on Lightning Protection (ICLP), Cagliari, Italy.

Miki, M. , T. Miki, A. Wada, A. Asakawa, T. Shindo, S. Yokoyama. 2011. Characteristics of upward leaders of winter lightning in the coastal area of the Sea of Japan, paper presented at 3 rd International Symposium on Winter Lightning, Univ. of Tokyo, Sapporo, Japan.

Miki, M. , V. A. Rakov, T. Shindo, G. Diendorfer, M. Mair, F. Heidler, W. Zischank, M. A. Uman, R. Thottappillil, and D. Wang. 2005. Initial stage in lightning initiated from tall objects and in rocket-triggered lightning. J. Geophys. Res. 110: D021doi:10. 1029/2003JD004474.

Miki, M. , A. Wada, and A. Asakawa. 2004. Observation of upward lightning in winter at the coast of Japan sea with a high-speed video camera. Proc. 27th Int. Conf. on Lightning Protection, Avignon, France, 63-67.

Mikropoulos, P. N. and T. E. Tsovilis. 2010. Lightning attachment models and ma×imum shielding failure current of overhead transmission lines: implications in insulation coordination of substations. IET Gener. Transm. Dis. 4: 1299-1313.

Military Standard. 1983. Lightning qualification test techniques for aerospace vehicles and hardware. MIL-STD-1757A, July 20.

Miyake, K., T. Suzuki, and K. Shinjou. 1992. Characteristics of winter lightning current on Japan Sea coast. IEEE Trans. Power Del. 7: 1450-6.

Moini, R., B. Kordi, G. Z. Rafi, and V. A. Rakov. 2000. A new lightning return stroke model based on antenna theory. J. Geophys. Res. 105: 29,693-702.

Montandon, E. 1992. Lightning positioning and lightning parameter determination e×periences and results of the Swiss PTT research project. In Proc. 21st Int. Conf. on Lightning Protection, Berlin, Germany, pp. 307-312.

Montandon, E. 1995. Messung und Ortung Von Blitzeinschlagen und Ihren Auswirkungen am Fernmeldeturm "St. Chrischona" Bei Basel der Schweizerischen Telecom PTT. Elektrotechnik und Informationstechnik 112: 283-9.

Motoyama, H. 1996. E×perimental study and analysis of breakdown characteristics of long air gaps with short tail lightning impulse. IEEE Trans. Power Del. 11: 972-9.

Motoyama, H. and H. Matsubara. 2000. Analytical and e×perimental study on surge response of transmission tower. IEEE Trans. Power Del. 15: 812-9.

Motoyama, H., K. Shinjo, Y. Matsumoto, and N. Itamoto. 1998. Observation and analysis of multiphase back flashover on the Okushishiku test transmission line caused by winter lightning. IEEE Trans. Power Del. 13: 1391-8.

Mousa, A. M. and K. D. Srivastava. 1989. The implications of the electrogeometric model regarding effect of height of structure on the median amplitude of collected lightning strokes. IEEE Trans. Power Del. 4: 1450-60.

Nag, A., S. Mallick, V. A. Rakov, J. S. Howard, C. J. Biagi, J. D. Hill, M. A. Uman, D. M. Jordan,

K. J. Rambo, J. E. Jerauld, B. A. DeCarlo, K. L. Cummins, and J. A. Cramer. 2011. Evaluation of NLDN Performance Characteristics Using Rocket-Triggered Lightning Data

Acquired in 2004 — 2009, J. Geophys. Res. 116: D02123, doi: 10. 1029/2010 JD014929.

Nag, A. and V. A. Rakov. 2012. Positive Lightning: An Overview, New Observations, and Inferences. J. Geophys. Res. 117: D08109, doi:10. 1029/2012JD017545.

Nag, A. , V. A. Rakov, W. Schulz, M. M. F. Saba, R. Thottappillil, C. J. Biagi, A. O. Filho, A. Kafri, N. Theethayi, and T. Gotschl. 2008. First versus subsequent return-stroke current and field peaks in engative cloud-to-ground lightning discharges. J. Geophys. Res. 113: D19112.

Nakada, K. , T. Yokota, S. Yokoyama, A. Asakawa, M. Nakamura, H. Taniguchi, and A. Hashimoto. 1997. Energy absorption of surge arresters on power distribution lines due to direct lightning strokes-effects of an overhead ground wire and installation position of surge arresters. IEEE Trans. Power Del. 12: 1779-85.

Nakano, M. , M. Nagatani, H. Nakada, T. Takeuti, and Z. Kawasaki. 1987. Measurements of the velocity change of a lightning return stroke with height. Res. Lett. Atmos. Electr. 7: 25-8.

Nakano, M. , M. Nagatani, H. Nakada, T. Takeuti, and Z Kawasaki. 1988. Measurements of the velocity change of a lightning return stroke with height. In Proc. 1988 Int. Aerospace and Ground Conf. on Lightning and Static Electricity, Oklahoma City, Oklahoma, pp. 84-86.

Narita, T. , T. Yamada, A. Mochizuki, E. Zaima, and M. Ishii. 2000. Observation of current waveshapes of lightning strokes on transmission towers. IEEE Trans. Power Del. 15: 429-35.

NFPA 780 (National Fire Protection Association). 2011. Standard for the installation of lightning protection systems. Available from NFPA, 1 Batterymarch Park, PO Bo× 9101, Quincy, Massachusetts 02169-7471, USA.

Nucci, C. A. 1995a. Lightning-induced voltages on overhead power lines. Part I: Return-stroke current models with specified channel-base current for the evaluation of the return-stroke electromagnetic fields. Electra 161: 74-102.

Nucci, C. A. 1995b. Lightning-induced voltages on overhead power lines. Part II: Coupling models for the evaluation of the induced voltages. Electra 162: 121-45.

Nucci, C. A. 2009. A survey on CIGRé and IEEE procedures for the estimation of the lightning performance of overhead transmission and distribution lines. In X International Symposium on Lightning Protection, no. 287, pp. 151-165.

Nucci, C. A., G. Diendorfer, M. A. Uman, F. Rachidi, M. Ianoz, and C. Mazzetti. 1990. Lightning return stroke current models with specified channel-base current: a review and comparison. J. Geophys. Res. 95: 20,395-408.

Nucci, C. A. and F. Rachidi. 2003. Interaction of electromagnetic fields with electrical networks generated by lightning. In The Lightning Flash: Physical and Engineering Aspects, V. Cooray, Ed. IEE - Power and Energy Series 34, pp. 425-478.

Nucci, C. A., F. Rachidi, M. Ianoz, C. Mazzetti. 1993. Lightning-Induced Voltages on Overhead Lines. IEEE Trans. Electromagn. Compat. 35: 75-86.

Okabe, S. and J. Takami. 2011. Occurrence probability of lightning failure rates at substations in consideration of lightning stroke current waveforms. IEEE Trans. Dielectr. Electr. Insul. 18: 221-31.

Oliveira Filho, A., W. Schulz, M. M. F. Saba, O. Pinto Jr. and M. G. Ballarotti. 2007. The relationship between first and subsequent stroke electric field peak in negative cloud-to- ground lightning. 13th Intl. Conf. on Atmospheric Electricity, Beijing, China, 13-18 August.

Olsen, R. C., D. M. Jordan, V. A. Rakov, M. A. Uman, and N. Grimes. 2004. Observed two-dimensional return stroke propagation speeds in the bottom 170 m of a rocket-triggered lightning channel. Geophys. Res. Lett. 31: L16107, doi: 10.1029/2004GL020187.

Orviille, R. E., G. R. Huffines, W. R. Burrows, and K. L. Cummins. 2011. The North American Lightning Detection Network (NALDN)-Analysis of flash data: 2001-2009. Mon. Wea. Rev. 139: 1305-22.

Orviille, R. E., G. R. Huffines, W. R. Burrows, R. L. Holle, and K. L. Cummins.

2002. The North American Lightning Detection Network (NALDN) - First Results: 1998-2000. Mon. Wea. Rev. 130: 2098-109.

Paolone, M., C. A. Nucci, E. Petrache, and F. Rachidi. 2004. Mitigation of Lightning-Induced Overvoltages in Medium Voltage Distribution Lines by Means of Periodical Grounding of Shielding Wires and of Surge Arresters: Modeling and E×perimental Validation. IEEE Trans. Power Del. 19: 423-31.

Pettersson, P. 1991. A unified probabilistic theory of the incidence of direct and indirect lightning strikes. IEEE Trans. Power Del. 6: 1301-10.

Piantini, A. 2008. Lightning protection of overhead power distribution lines. In Proc. of 29th Int. Conf. on Lightning Protection ICLP, Uppsala, Sweden.

Piantini A., J. M. Janiszewski. 2013. The use of shield wires for reducing induced voltages from lightning electromagnetic fields. Electr. Power Syst. Res. 94: 46-53.

Pierce, E. T. 1971. Triggered Lightning and Some Unsuspected Lightning Hazards. Stanford Research Institute, Menlo Park, CA, pp. 20.

Pigini, A., G. Rizzi, E. Garbagnati, A. Porrino, G. Baldo, and G. Pesavento. 1989. Performance of large air gaps under lightning overvoltages: e×perimental study and analysis of accuracy predetermination methods. IEEE Trans. Power Del. 4: 1379-92.

Pinto Jr., O., K. P. Naccarato, I. R. C. A. Pinto, W. A. Fernandes, and O. Pinto Neto. 2006. Monthly distribution of cloud-to-ground lightning flashes as observed by lightning location systems, Geophys. Res. Lett. 33: L09811, doi: 10. 1029/2006 GL026081.

Pinto Jr., O., I. R. C. A. Pinto, M. Lacerda, A. M. Carvalho, J. H. Diniz, and L. C. L. Cherchiglia. 1997. Are equatorial negative lightning flashes more intense than those at higher latitudes? J. Atmos. Solar-Terr. Phys. 59: 1881-3.

Pinto Jr., O., I. R. C. A. Pinto, and K. P. Naccarato. 2007. Ma×imum cloud-to-ground lightning flash densities observed by lightning location systems in the tropical region: A review. Atmos. Res. 84: 189-200, doi:10. 1016/j. atmosres. 2006. 11. 007.

Popolansky, F. 1972. Frequency distribution of amplitudes of lightning currents. Electra 22:

139-47.

Popolansky, F. 1990. Lightning current measurement on high objects in Czechoslovakia. In Proc. of 20th Int. Conf. on Lightning Protection, Interlaken, Switzerland, paper 1.3, 7 p.

Qie X. S., J. Yang, R. B. Jiang, C. X. Wang, G. L. Feng, S. J. Wu, and G. S. Zhang. 2012. Shandong artificially triggering lightning eXperiment and current characterization of return stroke. Chin. J. Atmos. Sci. 36: 77-88.

Qie, X., Y. Yu, D. Wang, H. Wang, and R. Chu. 2002. Characteristics of Cloud-to-Ground Lightning in Chinese Inland Plateau. J. Meteorol. Soc. Jpn. 80: 745-54.

Qie, X. S., Q. L. Zhang, Y. J. Zhou, G. L. Feng, T. L. Zhang, J. Yang, X. Z. Kong, Q. F. Xiao, and S. J. Wu. 2007. Artificially triggered lightning and its characteristic discharge parameters in two severe thunderstorms. Sci. China, Ser. D: Earth Sci. 50: 1241-50, doi:10.1007/s11430-007-0064-2.

Rachidi, F., C. A. Nucci, M. Ianoz, and C. Mazzetti. 1996. Influence of a lossy ground on lightning-induced voltages on overhead lines. IEEE Trans. Electromagn. Compat. 38: 250-64.

Rachidi, F., V. A. Rakov, C. A. Nucci, and J. L. Bermudez. 2002. Effect of vertically eXtended strike object on the distribution of current along the lightning channel. J. Geophys. Res. 107: 4699, doi:10.1029/2002JD002119.

Rakov, V. A. 1985. On estimating the lightning peak current distribution parameters taking account of the measurement threshold level (in Russian). Elektrichestvo, No. 2, 57-59.

Rakov, V. A. 1998. Some inferences on the propagation mechanisms of dart leaders and return strokes. J. Geophys. Res. 103: 1879-87.

Rakov, V. A. 2001. Transient response of a tall object to lightning. IEEE Trans. Electromagn. Compat. 43: 654-66.

Rakov, V. A. 2003a. A Review of the interaction of lightning with tall objects. Recent Res. Devel. Geophysics, 5, pp. 57-71, Research Signpost, India.

Rakov, V. A. 2003b. A review of positive and bipolar lightning discharges. Bull. Amer. Meteor. Soc. 84: 767-76.

Rakov, V. A. 2005. Lightning flashes transporting both negative and positive charges to ground. In Recent Progress in Lightning Physics, edited by C. Pontikis, pp. 9-21, Research Signpost, Kerala, India.

Rakov, V. A. 2007. Lightning Return Stroke Speed. J. Lightning Research 1: 80-9.

Rakov, V. A. 2009. Triggered Lightning, in "Lightning: Principles, Instruments and Applications", eds. H. D. Betz, U. Schumann, and P. Laroche, Springer, 691 p., ISBN 978-1-4020- 9078-3, pp. 23-56.

Rakov, V. A. 2011. Upward lightning discharges: An update. In proceedings of 7 th Asia-Pacific International Conference on Lightning (APL), pp. 304-307, doi: 10.1109/APL.2011.6110131.

Rakov, V. A., D. E. Crawford, K. J. Rambo, G. H. Schnetzer, M. A. Uman, and R. Thottappillil. 2001. M-Component Mode of Charge Transfer to Ground in Lightning Discharges. J. Geophys. Res. 106: 22,817-31.

Rakov, V. A. and A. A. Dulzon. 1986. Study of some features of frontal and convective thunderstorms, Meteor. Hidrol. 9: 59-63.

Rakov, V. A. and A. A. Dulzon. 1987. Calculated electromagnetic fields of lightning return stroke. Tekh. Elektrodinam. 1: 87-9.

Rakov, V. A. and A. A. Dulzon. 1991. A modified transmission line model for lightning return stroke field calculations. In Proc. 9th Int. Zurich. Symp. on Electromagnetic Compatibility, Zurich, Switzerland, pp. 229-235.

Rakov, V. A. and G. R. Huffines. 2003. Return-Stroke Multiplicity of Negative Cloud- to-Ground Lightning Flashes. J. Applied Meteor. 42: 1,455-62.

Rakov, V. A., R. Thottappillil, and M. A. Uman. 1992. On the empirical formula of Willett et al. relating lightning return-stroke peak current and peak electric field. J. Geophys. Res. 97: 11527-33.

Rakov, V. A. and M. A. Uman. 1990a. Long continuing current in negative lightning ground flashes. J. Geophys. Res. 95：5455-70.

Rakov, V. A. and M. A. Uman. 1990b. Some properties of negative cloud-to-ground lightning flashes versus stroke order. J. Geophys. Res. 95：5447-53.

Rakov, V. A., and M. A. Uman. 1994. Origin of lightning electric field signatures showing two return-stroke waveforms separated in time by a millisecond or less. J. Geophys. Res. 99：8157-65.

Rakov, V. A., and M. A. Uman. 1998. Review and evaluation of lightning return stroke models including some aspects of their application. IEEE Trans. on Electromagn. Compat. 40：403-26.

Rakov, V. A. and M. A. Uman. 2003. Lightning：Physics and Effects, Cambridge University Press, 687 p., HB ISBN 0521583276, PB ISBN 0521035414.

Rakov, V. A., M. A. Uman, D. M. Jordan and C. A. Priore III. 1990. Ratio of leader to return- stroke electric field change for first and subsequent lightning strokes. J. Geophys. Res. 95：16,579-87.

Rakov, V. A., M. A. Uman, K. J. Rambo, M. I. Fernandez, R. J. Fisher, G. H. Schnetzer, R. Thottappillil, A. Eybert-Berard, J. P. Berlandis, P. Lalande, A. Bonamy, P. Laroche, and A. Bondiou-Clergerie. 1998. New insights into lightning processes gained from triggered- lightning e×periments in Florida and Alabama. J. Geophys. Res. 103：14117-30.

Rakov, V. A., M. A. Uman, and R. Thottappillil. 1994. Review of lightning properties from electric field and TV observation, J. Geophys. Res. 99：10,745-50.

Rizk, F. A. M. 1990. Modeling of Transmission Line E×posure to Lightning Strokes. IEEE Trans. Power Del. 5：1983-97.

Rizk, F. A. M. 1994a. Modeling of lightning incidence to tall structures. I. Theory. IEEE Trans. Power Del. 9：162-71.

Rizk, F. A. M. 1994b. Modeling of lightning incidence to tall structures. II. Application. IEEE Trans. Power Del. 9：172-93.

Romero, C., M. Paolone, M. Rubinstein, F. Rachidi, A. Rubinstein, G. Diendorfer, W.

Schulz, B. Daout, A. Kälin, and P. Zweiacker. 2012a. A system for the measurements of lightning currents at the Säntis Tower. Electr. Power Syst. Res. 82: 34-43.

Romero, C., F. Rachidi, M. Paolone, and M. Rubinstein. 2013a. Statistical distributions of lightning current parameters based on the data collected at the Säntis tower in 2010 and 2011. IEEE Trans. Power Del. In press.

Romero, C., F. Rachidi, M. Rubinstein, and M. Paolone. 2012c. Instrumentation of the Säntis Tower in Switzerland and obtained results after 18 months of operation. 2012 CIGRE Colloquium, Hakodate, Japan, October.

Romero, C., F. Rachidi, M. Rubinstein, M. Paolone, V. A. Rakov, D. Pavanello. 2013b. Positive lightning flashes recorded on the Säntis tower in 2010 and 2011. J. Geophys. Res. submitted 2013.

Romero, C., M. Rubinstein, M. Paolone, F. Rachidi, V. A. Rakov, and D. Pavanello. 2012b. Some characteristics of positive and bipolar lightning flashes recorded on the Säntis Tower in 2010 and 2011. In Proc. 31st Int. Conf. on Lightning Protection, Vienna, Austria, September 2-7.

Ross M., S. A. Cummer, T. K. Nielsen, and Y. Zhang. 2008. Simultaneous remote electric and magnetic field measurements of lightning continuing currents. J. Geophys. Res. 113: D20125, doi:10.1029/2008JD010294.

Rusck, S. 1958a. Effect of non-standard surge voltage on insulation. In CIGRE.

Rusck, S. 1958b. Induced lightning overvoltages on power transmission lines with special reference to the overvoltage protection of low voltage networks. Trans. R. Inst. Technol. vol. 120.

Rust, W. D. 1986. Positive cloud-to-ground lightning. In The Earth's Electrical Environment, pp. 41-45, National Academy Press, Washington, D.C.

Rust, W. D., D. R. MacGorman, and R. T. Arnold. 1981. Positive cloud to ground lightning flashes in severe storms. Geophys. Res. Lett. 8: 791-794.

Rust, W. D., D. R. MacGorman, and W. L. Taylor. 1985. Photographic verification of continuing current in positive cloud-to-ground flashes. J. Geophys. Res. 90: 6144-6.

Saba, M. M. F., M. G. Ballarotti, and O. Pinto Jr. 2006a. Negative cloud-to-ground lightning properties from high-speed video observations. J. Geophys. Res. 111: D03101, doi:10.1029/2005JD006415.

Saba, M. M. F., O. Pinto Jr., and M. G. Ballarotti. 2006b. Relation between lightning return stroke peak current and following continuing current. Geophys. Res. Lett. 33: L23807, doi:10.1029/2006GL027455.

Saba, M. M. F., W. Schulz, T. A. Warner, L. Z. S. Campos, C. Schumann, E. P. Krider, K. L. Cummins, and R. E. Orville. 2010. High-speed video observations of positive lightning flashes to ground. J. Geophys. Res. 115: D24201, doi: 10.1029/2010JD014330.

Saba, M. M. F., C. Schumann, T. A. Warner, J. H. Helsdon, W. Schulz, and R. E. Orville. 2013. Bipolar cloud-to-ground lightning flash observations. J. Geophys. Res. 115: D24201, submitted.

Sabot, A. 1995. An engineering review on lightning, transient overvoltages and the associated elements of electrogeometric compatibility. In 9th Int. Symposium on High Voltage Engineering.

Saraiva, A. C. V. 2011. On relationships between the multiplicity and duration of negative cloud to ground lightning flashes and the horizontal e×tent of the inferred negative charge region, Ph. D. Thesis, Brazilian Institute of Space Research.

Saraiva, A. C. V., M. M. F. Saba, O. Pinto Jr., K. L. Cummins, E. P. Krider, and L. Z. S. Campos. 2010. A comparative study of negative cloud-to-ground lightning characteristics in São Paulo (Brazil) and Arizona (United States) based on high-speed video observations. J. Geophys. Res. 115: D11102, doi:10.1029/2009JD012604.

Sarajcev, P. and R. Goic. 2012. Assessment of the backflashover occurrence rate on HV transmission line towers. Eur. Trans. Electr. Power 22: 152-69.

Sargent, M. A. 1972. The frequency distribution of current magnitudes of lightning strokes to tall structures. IEEE Trans. Pow. Appar. Syst. 91: 2224-9.

Savic, M. S. 2005. Estimation of the Surge Arrester Outage Rate Caused by Lightning Overvoltages. IEEE Trans. Power Del. 20: 116-22.

Schoene, J., M. A. Uman, and V. A. Rakov. 2010. Return stroke peak current versus charge transfer inrocket-triggered lightning. J. Geophys. Res. 115: D12107, doi:10.1029/2009JD013066.

Schoene, J., M. A. Uman, V. A. Rakov, V. Kodali, K. J. Rambo, and G. H. Schnetzer. 2003. Statistical characteristics of the electric and magnetic fields and their time derivatives 15 m and 30 m from triggered lightning. J. Geophys. Res. 108: 4192, doi: 10.1029/2002JD002698.

Schoene, J., M. A. Uman, V. A. Rakov, K. J. Rambo, J. Jerauld, C. T. Mata, A. G. Mata, D. M. Jordan, and G. H. Schnetzer. 2009. Characterization of return-stroke currents in rocket-triggered lightning. J. Geophys. Res. 114: D03106, doi: 10.1029/2008JD009873.

Schonland, B. F. J. 1956. The lightning discharge. In Handbuch der Physik 22: 576-628, Berlin, Springer-Verlag.

Schonland, B. F. J., D. J. Malan, and H. Collens. 1935. Progressive Lightning II. Proc. Roy. Soc. (London) A152: 595-625.

Schroeder, M. A. O., A. Soares, S. Visacro, L. C. L. Cherchiglia, and V. J. de Souza. 2002. Lightning current statistical analysis: Measurements of Morro do Cachimbo station - Brazil. In Proc. 26th Int. Conf. on Lightning Protection, Cracow, Poland, September 2-6, pp. 20-23.

Schulz, W., K. Cummins, G. Diendorfer, and M. Dorninger. 2005. Cloud-to-ground lightning in Austria: A 10-year study using data from a lightning location system. J. Geophys. Res. 110: D09101.

Schulz, W. and G. Diendorfer. 2006. Flash multiplicity and interstroke intervals in Austria. In Proc. of 28th Intl. Conf. on Lightning Protection, Kanazawa, Japan, paper II-4, pp. 402-404.

Schulz, W., S. Sindelar, A. Kafri, T. Gotschl, N. Theethayi, and R. Thottappillil. 2008. The ratio between first and subsequent lightning return stroke electric field peaks in

Sweden. Paper presented at 29th International Conference on Lightning Protection, Dep. of Eng. Sci. , Uppsala Univ. , Uppsala, Sweden.

Schumann, C. and M. M. F. Saba. 2012. Continuing current intensity in positive ground flashes, International Conf. on Lightning Protection, Vienna.

Schumann, C. , M. M. F. Saba, R. B. G. da Silva, and W. Schulz. 2013. Electric fields changes produced by positives cloud-to-ground lightning flashes. J. Atoms. Terr. Physics 92: 37-42, doi: 10.1016/j.jastp.2012.09.008.

Scott-Meyer, W. 1982. EMTP Rule Book. Bonneville Power Admin. , Portland, Oreg.

Sekioka, S. , T. Sonoda, and A. Ametani. 2005. E×perimental Study of Current- Dependent Grounding Resistance of Rod Electrode. IEEE Trans. Power Del. 20: 1569-76.

Shindo, T. , and M. A. Uman. 1989. Continuing current in negative cloud-to-ground lightning. J. Geophys. Res. 94: 5189-98.

Silveira, F. H. , A. De Conti, and S. Visacro. 2010. Lightning overvoltage due to first strokes considering a realistic current representation. IEEE Trans. Electromagn. Compat. 52: 929-35, doi:10.1109/TEMC2010.2044042.

Silveira, F. H. , A. De Conti, and S. Visacro. 2011. Voltages Induced in Single-Phase Overhead Lines by First and Subsequent Negative Lightning Strokes: Influence of the Periodically Grounded Neutral Conductor and the Ground Resistivity. IEEE Trans. Electromagn. Compat. 53: 414-20.

Silveira, F. H. and S. Visacro. 2008. The Influence of Attachment Height on Lightning-Induced Voltages. IEEE Trans. Electromagn. Compat. 50: 1-5.

Silveira, F. H. and S. Visacro. 2009. On the Lightning-Induced Voltage Amplitude: First Versus Subsequent Negative Strokes. IEEE Trans. Electromagn. Compat. 51: 741-7.

Silveira, F. H. , S. Visacro, and A. R. Conti. 2013. Lightning Performance of 138-kV Transmission Lines: The Relevance of Subsequent Strokes. IEEE Trans. Electromagn. Compat. Accepted for publication, pp. 1-6.

Silveira, F. H. , S. Visacro, A. R. Conti, and C. R. MESQUITA. 2012. Backflashovers of Transmission Lines Due to Subsequent Lightning Strokes. IEEE Trans. Electromagn. Compat. 54: 316-22.

Silveira, F. H., S. Visacro, J. Herrera, and H. Torres. 2009. Evaluation of Lightning-Induced Voltages Over a Lossy Ground by the Hybrid Electromagnetic Model. IEEE Trans. Electromagn. Compat. 51: 156-60.

Smorgonskiy, A., F. Rachidi, M. Rubinstein, G. Diendorfer, W. Schulz, and N. Korovkin. 2011. A new method for the estimation of the number of upward flashes from tall structures. In Proceeding ×I International Symposium on Lightning Protection (SIPDA), Fortaleza, Brazil. doi: 10.1109/SIPDA.2011.6088466.

Soares, A. J., M. A. Schroeder, and S. Visacro. 2005. Transient Voltages in Transmission Lines Caused by Direct Lightning Strikes. IEEE Trans. Power Del. 20: 1447-52.

Srivastava, K. M. L. 1966. Return stroke velocity of a lightning discharge. J. Geophys. Res. 71: 1283-6.

Stall, C. A., K. L. Cummins, E. P. Krider, and J. A. Cramer. 2009. Detecting Multiple Ground Contacts in Cloud-to-Ground Lightning Flashes. J. Atmos. Ocean. Tech. 26: 2392-402.

Stekolnikov, I. S. 1941. The parameters of the lightning discharge and the calculation of the current waveform. Elektrichestvo 3: 63-8.

Stenstrom, L. and J. Lundquist. 1999. Energy stress on transmission line arresters considering the total lightning charge distribution. IEEE Trans. Power Del. 14: 148-51.

Suzuki, T. and K. Miyake. 1977. E×perimental study of breakdown voltage-time characteristics of large air gaps with lightning impulses. IEEE Trans. Power App. Syst. 96: 227-33.

Takami, J. and S. Okabe. 2007. Observational results of lightning current on transmission towers. IEEE Trans. Power Del. 22: 547-56.

Thottappillil, R., J. D. Goldberg, V. A. Rakov, and M. A. Uman. 1995. Properties of M components from currents measured at triggered lightning channel base. J. Geophys. Res. 100: 25, 711-20.

Thottappillil, R., V. A. Rakov, M. A. Uman. 1997. Distribution of charge along the lightning channel: Relation to remote electric and magnetic fields and to return-stroke models. J. Geophys. Res. 102: 6987-7006.

Thottappillil, R., V. A. Rakov, M. A. Uman, W. H. Beasley, M. J. Master and D. V. Shelukhin. 1992. Lightning subsequent stroke electric field peak greater than the first stroke peak and multiple ground terminations. J. Geophys. Res. 97: 7503-9.

Thottappillil, R. and N. Theethayi. 2006. Realistic sources for modeling lightning attachment to towers. In Proc. Int. Conf. On Grounding and Earthing & 2 nd Int. Conf. on Lightning Physics and Effects, Maceo, Brazil, 6 p.

Uman, M. A. 1987. The Lightning Discharge, 377 p., San Diego: Academic Press. Uman, M. A. 2001. The Lightning Discharge, 377 p., Mineola, New York: Dover.

Uman, M. A. and D. K. McLain. 1969. Magnetic field of lightning return stroke. J. Geophys. Res. 74: 6899-910.

Uman, M. A., V. A. Rakov, K. J. Rambo, T. W. Vaught, M. I. Fernandez, D. J. Cordier, R. M. Chandler, R. Bernstein, and C. Golden. 1997. Triggered-lightning e ×periments at Camp Blanding, Florida (1993-1995). Trans. of IEE Japan, Special Issue on Artificial Rocket Triggered Lightning 117-B: 446-52.

Uman M. A., V. A. Rakov, G. H. Schnetzer, K. J. Rambo, D. E. Crawford, and R. J. Fisher. 2000. Time derivative of the electric field 10, 14 and 30m from triggered lightning strokes. J. Geophys. Res. 105: 15,577-95.

Valine, W. C. and E. P. Krider. 2002. Statistics and characteristics of cloud-to-ground lightning with multiple ground contacts. J. Geophys. Res. 107: AAC 8-1-11.

Visacro, S. 2004. A Representative Curve for Lightning Current Waveshape of First Negative. Geophys. Res. Lett. 31: L07112 / 1- 3.

Visacro, S. 2007. A Comprehensive Approach to the Grounding Response to Lightning Currents. IEEE Trans. Power Del. 22: 381-6.

Visacro, S. 2012a. Reflections on parameters for application in lightning protection, in Proc. of 8th Int. Conf. on Grounding and Earthing & Lightning Physics and Effects GROUND & LPE, pp. 100-103, Bonito, Brazil.

Visacro, S. and R. Alipio. 2012b. Frequency Dependence of Soil Parameters: E×perimental Results, Predicting Formula and Influence on the Lightning Response of Grounding E-lectrodes. IEEE Trans. Power Del. 27: 927-35.

Visacro, S., C. R. de Mesquita, R. N. Dias, F. H. Silveira, and A. De Conti. 2012e. A Class of Hazardous Subsequent Lightning Strokes in Terms of Insulation Stress. IEEE Trans. Electromagn. Compat. 54: 1028-33.

Visacro, S., R. N. Dias, C. R. Mesquita. 2005c. Novel Approach for Determining Spots of Critical Lightning Performance along Transmission Lines. IEEE Trans. Power Del. 20: 1459-64.

Visacro, S., B. Hermoso, M. T. Almeida, H. Torres, M. Loboda, S. Sekioka, A. Geri, and W. Chisholm. 2009. The response of grounding electrodes to lightning currents. CIGRE Report WG C4.406.

Visacro, S., C. R. Mesquita, M. P. P. Batista, L. S. Araújo, and A. M. N. Tei×eira. 2010. Updating the statistics of lightning currents measured at Morro do Cachimbo Station. Proceedings of the 30th International Conference on Lightning Protection - ICLP 2010, Cagliari, Italy, September.

Visacro, S., C. R. Mesquita, A. De Conti, F. H. Silveira. 2012. Updated statistics of lightning currents measured at Morro do Cachimbo station. Atmos. Res. 117: 55-63.

Visacro, S. and F. H. Silveira. 2005. Lightning current waves measured at short instrumented towers: The influence of sensor position. Geophys. Res. Lett. 32: L18804-1-5, doi: 10.1029/2005GL023255.

Visacro, S., F. H. Silveira, and A. R. Conti. 2012c. The use of underbuilt wires to improve the lightning performance of transmission lines. IEEE Trans. Power Del. 27: 205-13.

Visacro, S., F. H. Silveira, S. ×avier, and H. B. Ferreira. 2012d. Frequency Dependence of Soil Parameters: The Influence on the Lightning Performance of Transmission Lines. In Proc. 31st International Conference on Lightning Protection (ICLP), pp. 1-4, Vienna, Austria.

Visacro, S. and A. Soares Jr.. 2005b. HEM: A Model for Simulation of Lightning Related Engineering Problems. IEEE Trans. Power Del. 20: 1206-8.

Visacro, S., A. Soares Jr., M. A. O. Schroeder, L. C. L. Cherchiglia, and V. J. de Sousa. 2004. Statistical analysis of lightning current parameters: Measurements at Morro do Cachimbo Station. J. Geophys. Res. 109: D01105, doi: 10.1029/2003JD003662.

Visacro, S., M. H. M. Vale, G. M. Correa and A. M. Tei×eira. 2010. The early phase of lightning currents measured in a short tower associated with direct and nearby lightning strikes. J. Geophys. Res. 15: D16104.

Wagner, C. F. 1963. Relation between stroke current and velocity of the return stroke. AIEE Trans. Power Appar. Syst. 82: 609-17.

Wagner, C. F. and A. R. Hileman. 1961. Surge impedance and its application to the lightning stroke. AIEE Trans. on PAS 80: 1011-20.

Wagner, C. F. and G. D. McCann. 1942. Induced voltages on Transmission Lines. Trans. Am. Inst. Electr. Eng. 61: 916-30.

Wang, D., V. A. Rakov, M. A. Uman, M. I. Fernandez, K. J. Rambo, G. H. Schnetzer, and R. J. Fisher. 1999. Characterization of the initial stage of negative rocket-triggered lightning. J. Geophys. Res. 104: 4213-22.

Wang, D. and N. Takagi. 2008b. Characteristics of Upward Bipolar Lightning Derived from Simultaneous Recording of Electric Current and Electric Field Change, Proceedings of the ××I× General Assembly of the International Union of Radio Science, Chicago, USA.

Wang, D. and N. Takagi. 2011. Characteristics of Winter Lightning that Occurred on a Windmill and its Lightning Protection Tower in Japan, paper presented at 3rd International Symposium on Winter Lightning, University of Tokyo, Sapporo, Japan.

Wang, D. and N. Takagi. 2012. Characteristics of Winter Lightning that Occurred on a Windmill and its Lightning Protection Tower in Japan. IEEJ Transactions on Power and Energy 132: 568-72.

Wang, D., N. Takagi, T. Watanabe, V. A. Rakov, and M. A. Uman. 1999c. Observed leader and return-stroke propagation characteristics in the bottom 400 m of the rocket triggered lightning channel. J. Geophys. Res. 104: 14,369-76.

Wang, D., N. Takagi, T. Watanabe, H. Sakurano, and M. Hashimoto. 2008a. Observed characteristics of upward leaders that are initiated from a windmill and its lightning protection tower. Geophys. Res. Lett. 35: L02803, doi:10.1029/2007GL032136.

Warner, T. A., K. L. Cummins, and R. E. Orville. 2011. Comparison of upward lightning observations from towers in Rapid City, South Dakota with National Lightning Detection Network data - preliminary findings. Paper presented at 3rd International Symposium on Winter Lightning, University of Tokyo, Sapporo, Japan.

Weidman, C. D. 1998. Lightning return stroke velocities near channel base. In Proc. 1998 Int. Lightning Detection Conf., GAI, Tucson, Arizona, 25 p.

Willett, J. C., J. C. Bailey, V. P. Idone, A. Eybert-Berard, and L. Barret. 1989. Submicrosecond intercomparison of radiation fields and currents in triggered lightning return strokes based on the transmission-line model. J. Geophys. Res. 94: 13,275-86.

Willett, J. C., V. P. Idone, R. E. Orville, C. Leteinturier, A. Eybert-Berard, L. Barret, and E. P. Krider. 1988. An e×perimental test of the "transmission-line model" of electromagnetic radiation from triggered lightning return strokes. J. Geophys. Res. 93: 3867-78.

Witzke, R. L. and T. J. Bliss. 1950a. Co-ordination of Lightning Arrester Location with Transformer Insulation Level. Trans. Am. Inst. Electr. Eng. 69: 964-75.

Witzke, R. L. and T. J. Bliss. 1950b. Surge Protection of Cable-Connected Equipment. Trans. Am. Inst. Electr. Eng. 69: 527-42.

Yang, J., ×. Qie, G. Zhang, Q. Zhang, G. Feng, Y. Zhao, and R. Jiang. 2010. Characteristics of channel base currents and close magnetic fields in triggered flashes in SHATLE. J. Geophys. Res. 115: D23102, doi:10.1029/2010JD014420.

Yokoyama, S., K. Yamamoto, and H. Kinoshita. 1985. Analogue simulation of lightning induced voltages and its application for analysis of overhead-ground-wire effects. IEE

Proc. C Generat. Transm. Distrib. 132: 208-16.

Zhou, H., G. Diendorfer, R. Thottappillil, H. Pichler and M. Mair. 2011a. Characteristics of upward bipolar lightning flashes observed at the Gaisberg Tower. J. Geophys. Res. 116: D13106, doi:10.1029/2011JD015634.

Zhou, H., G. Diendorfer, R. Thottappillil, H. Pichler and M. Mair. 2011b. Mi×ed mode of charge transfer to ground for initial continuous current pulses in upward lightning, Paper presented at 2011 7thAsia-Pacific International Conference on Lightning, Tsinghua University, Chengdu, China.

Zhou, H., G. Diendorfer, R. Thottappillil, H. Pichler and M. Mair. 2012. Characteristics of upward positive flashes initiated from the Gaisberg Tower. J. Geophys. Res., 117, D06110, doi:10.1029/2011JD016903.

Zhou, H., N. Theethayi, G. Diendorfer, R. Thottappillil, and V. A. Rakov. 2010. On Estimation of the Effective Height of Towers on Mountaintops in Lightning Incidence Studies. J. Electrost. 68: 415-8.

附录 1　缩略词一览表

缩略词	英文全称	中文名称
AM	Arithmetic Mean	算术平均
BFR	Backflashover Rate	后向闪络率
CB	Camp Blanding	坎普布兰丁
CC	Continuing Current	连续电流
CFO	Critical Impulse Flashover	临界脉冲闪络电压
CG	Cloud-to-Ground	云地闪
EGLA	Externally Gapped Line Arrester	外部间隙线路避雷器
EGM	Electrogeometrical Model	电气几何模型
EUCLID	European Cooperation for Lightning Detection	欧洲雷电探测网
GBT	Gaisberg Tower	盖斯博格塔
GIS	Gas Insulated Switchgears	气体绝缘组合开关
GLD360	Global Lightning Dataset 360	全球闪电数据集
GM	Geometric Mean	几何平均
HEM	Hybrid Electromagnetic	电磁混合
IC	Intracloud	云间闪
ICC	Initial Continuous Current	初始连续电流
IEC	International Electrotechnical Commission	国际电工委员会
IEEE	Institute of Electrical and Electronics Engineers	电气和电子工程师协会
IS	Initial Stage	初始阶段
JLDN	Japanese Lightning Detection Network	日本雷电探测网络
KSC	Kennedy Space Center	肯尼迪航天中心

续表

缩略词	英文全称	中文名称
LASA	Los Alamos Sferic Array	洛斯阿拉莫斯远程雷电阵列
LC39B	Launch Complex 39B	39B发射阵地
LFC	Lightning Flash Counter	雷击计数器
LINET	LIghtning detection NETwork	闪电探测网
LLS	Lightning Locating System	闪电定位系统
LPM	Leader Progression Model	先导传输模型
LPS	Lightning Protective System	雷电防护系统
LSA	Line Surge Arrester	线路避雷器
MCS	Mesoscale Convective System	中尺度对流系统
NGLA	Non-Gapped Line Arrester	无间隙线路避雷器
NLDN	U. S. National Lightning Detection Network	美国国家雷电探测网
OHGW	Overhead Ground Wire	架空地线
OPGW	Optical Fiber Ground Wire	光纤地线
RINDAT	Rede Integrada de Detecção de Descargas Atmosféricas (Integrated Network of Atmospheric Discharges) - Lightning LocatingSystem in Brazil	大气放电综合观测网-巴西的闪电定位系统
RS	Return Stroke	回击
SFFOR	Shielding Failure Flashover Rate	屏蔽故障闪络率
SPD	Surge Protective (or Protection) Device	电涌保护器
TL	Transmission Line	传输线
TOV	Temporary Overvoltage	暂态过电压
USPLN	United States Precision Lightning Network	美国精密的雷电网络
WTLN	WeatherBug Total Lightning Network	实时天气全闪网
WWLLN	World Wide Lightning Location Network	全球闪电定位网

附录 2　工作组(WG C4. 407)《雷电参数的工程应用》职责范围

研究委员会 C4 关于设立一个新工作组的建议。

工作组号:WG C4-407。

工作组召集人: Vladimir Rakov (美国)。

工作组研究题目:雷电参数的工程应用。

题目的背景、范围、可交付成果和拟定时间表如下。

背景:工程应用中所需的传统雷电参数包括雷电峰值电流、最大电流陡度(di/dt)、平均电流上升率、电流上升时间、电流持续时间、转移电荷和作用积分,所有这些参数都是可从直接电流测量中推导出来。CIGRE 目前采用的这些参数的分布是基于 Berger 和同事在瑞士的测量,以及在奥地利、德国、俄罗斯、加拿大和巴西使用仪器在塔上获得的最新直接电流测量及使用火箭人工触发闪电获得的测量结果。此外,现代雷电定位系统报告了根据测量到的磁场峰值估算的峰值电流,迫切需要对这些新的参数进行评估,以确定其在各种工程计算中的适用性极限。评估应包括工具和方法两个方面。闪电参数可能存在的地理、季节和其他不同于传统参数的变化,例如,连续电流和 M 分量的特征。增加雷电参数新数据有效性的分析和观察，包括每个闪电的回击数、击间间隔、每个闪电的通道数、闪电相对强度、回击速度、闪电通道的等效阻抗。对不常见但可能更具破坏性的正极性和双极性闪电，需要更详细的信息。

范围：工作组的范围包括下面几方面。

(1)评估仪器塔上的电流测量；

(2)评估人工火箭触发闪电的电流测量；

(3)评估用于电场估算闪电电流的程序，重点是在闪电定位系统中实施的程序，包括增加的雷电参数（例如，连续电流的特征、回击的传播速度、雷击通道的等效阻抗等），这些参数目前不在CIGRE清单上，但在工程中需要应用；

(4)进一步了解正极性和双极性闪电的特征；

(5)上行闪电放电的特征；

(6)研究雷电参数的地域和季节变化；

(7)基于目前清楚的雷电物理过程，并考虑到各种测量技术的局限性，编制《雷电参数的工程应用》参考文件。

可交付成果：报告，综述可在Electra中出版。

拟定时间表：工作组2008年4月启动，2011年3月最终交付成果。

与本工作相关的其他分技术委员会是：A3，B2，B3。

批准的技术委员会主席：Klaus FRÖHLICH，批准日期：2008年9月4日。